图像传感器及检测技术

程 瑶 主编

朱 革 庄秋慧 参编

科学出版社

北 京

内 容 简 介

本书首先介绍了与图像检测相关的基本概念，以 CCD 固体图像传感器为基础，以常用线阵、面阵芯片为例说明图像传感器的工作原理；其次介绍各个传感器在应用过程中的相关外围电路设计、驱动设计、采集系统设计等；然后在采集数字图像的基础上，配以图像预处理、图像增强、图像识别等检测算法，突出算法的设计及实现；最后以构建光、机、电、算为一体的机器视觉系统、图像检测系统等为例，说明系统的应用。本书针对图像传感器图像信号的采集，应用图像传感器构建机器视觉系统、光学图像测量系统等，具有较好的参考意义。

本书可供电子信息、仪器仪表、智能制造等领域以及机器视觉、视觉感知、图像传感、图像检测等方向本科生及研究生阅读参考。

图书在版编目（CIP）数据

图像传感器及检测技术 / 程瑶主编. —北京：科学出版社，2024.7
ISBN 978-7-03-076827-8

Ⅰ.①图⋯ Ⅱ.①程⋯ Ⅲ.①图像传感器－检测－高等学校－教材
Ⅳ.①TP212

中国国家版本馆 CIP 数据核字（2023）第 207577 号

责任编辑：杨慎欣 韩海童 / 责任校对：韩 杨
责任印制：赵 博 / 封面设计：无极书装

科 学 出 版 社 出版
北京东黄城根北街 16 号
邮政编码：100717
http://www.sciencep.com
北京厚诚则铭印刷科技有限公司印刷
科学出版社发行 各地新华书店经销
*
2024 年 7 月第 一 版 开本：720×1000 1/16
2025 年 1 月第二次印刷 印张：10 3/4
字数：217 000
定价：56.00 元
（如有印装质量问题，我社负责调换）

前　　言

　　本书将图像传感器以及图像检测技术相关内容进行整合，为学生介绍图像传感器的原理、使用方法及设计。利用图像传感器构建检测系统，介绍图像采集系统的设计、对图像信号的分析及处理算法的设计，以及图像检测系统的典型应用，最终能使学生利用此书设计出自己需求的图像检测系统。

　　本书一共包含 5 章内容，其中第 1 章对图像的基本概念、图像的获取、数字图像的处理、图像检测系统及其应用进行简单介绍，使学生对图像以及相关的概念能有清楚的认识，同时也达到学习的目的。第 2 章主要介绍 CCD 图像传感器，并对其常见的传感器芯片的原理、结构以及参数进行介绍。第 3 章介绍图像传感器的驱动以及图像的采集，这是图像传感器在应用过程中的重点及难点。这一章对其设计的方法进行详细讲解，对其典型芯片的应用进行相关说明和设计。第 4 章针对采集后的数字图像，重点讲解图像的运算、几何变换、图像增强、特征检测等基于数字图像的处理方法。第 5 章是利用图像传感器构建图像检测系统的典型工程应用举例。

　　重庆理工大学机械工程学院的王先全教授、武亮研究员、高晨斐、田又源、龚奥、石肖伊等为本书编写提供了丰富的资料及技术支持，并提出修改意见，作者在此对他们表示衷心的感谢。本书是重庆理工大学研究生教育高质量发展行动计划资助成果、重庆理工大学本科生校级规划教材资助成果，在此感谢学校的大力支持。

　　由于作者水平有限，书中难免出现不妥之处，恳请读者批评指正。

程　瑶

2023 年 12 月

目　　录

第1章

绪　论

■ 1.1　图像的基本概念

图像是人类视觉的基础，是自然景物的客观反映，是人类认识世界和自身的重要源泉。狭义的图像或者说具体的图像，指的是照片、视频等。广义上的图像或者说抽象的图像，指的是所有具有视觉效果的画面，也就是二维或三维景物（万事万物）呈现在人心目中的影像。照片、绘画、剪贴画、地图、文字文档、书法作品、手写汉字、传真、卫星云图、影视画面、X光片、脑电图、心电图等都是图像。

"图"是物体反射或透射光的分布，"像"是人的视觉系统所接收的图在人脑中所形成的印象或认识。图像一般定义为：用各种观测系统以不同形式和手段观测客观世界而获得的，可以直接或间接作用于人眼进而产生视觉和知觉的实体。图像也可定义为对客观存在物体某种属性的描述[1]。

21世纪是一个信息的时代，图像作为人类感知世界的视觉基础，是人类获取信息、传递信息和表达信息的重要手段。据调查统计，人类从外界获得的信息约有75%来自视觉系统，即图像。图像包含的范围很广，图像带有大量的信息，一幅图像抵得过千言万语。

1.1.1　图像的分类

1. 以成像波段分类

图像按成像波段的不同，可以分为可见光图像（图1.1）、不可见光图像（图1.2、图1.3）、声波图以及其他图像[2]。按照电磁波谱分布，波长0.38～0.8μm的光波成像，即为可见光图像。不可见光图像包括 0.003～0.03nm 伽马射线、0.03～3nm X射线、3～300nm 紫外线、0.8～300μm 红外线、0.3～100cm 微波的成像。记录声波或者音频的图即为声波图，如医院常用的检测手段B超（图1.4）等。其他图像是指由感兴趣的物理量转换而成的图像，如密度分布图、城市分布数据可视化图像（图1.5）等。

图 1.1　可见光图像

图 1.2　不可见光图像（红外）

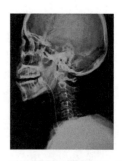
图 1.3　不可见光图像（X 射线）

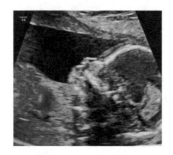
图 1.4　B 超图像

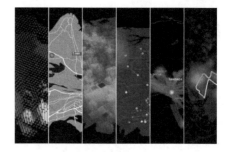
图 1.5　城市分布数据可视化图像

2. 以连续性分类

图像按空间坐标和灰度幅值（或色彩）的连续性可分为模拟图像和数字图像。模拟图像是指空间坐标和灰度幅值（或色彩）都连续变化的图像。数字图像是一种空间坐标和灰度均不连续的、用离散数字（一般用整数）表示的图像。这与工程上信号的定义类似。

在工程上，模拟信号是指用连续变化的物理量表示的信息，在时间和幅值上都连续的信号，如图 1.6 所示，横坐标为时间 t，纵坐标为幅值 n。数字信号指在时间上和幅值上都是不连续（即离散）的信号，如图 1.7 所示，横坐标为时间 t，纵坐标为幅值 u[3]。这种数字信号的自变量用整数表示，因变量用有限数字中的一个数字来表示。

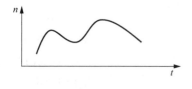
图 1.6　模拟信号

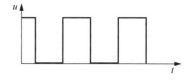
图 1.7　数字信号

可见数字信号与模拟信号的区别在于两个变量：时间和幅值。数字图像和模拟图像的区别也在于两个变量：空间坐标及灰度幅值。从数学的角度看，一幅图像记录的是物理辐射能量的空间分布，这个分布是空间坐标 (x, y, z)、时间 t 和波长 λ 的函数，即图像的灰度幅值或色彩可以表示为 $I = f(x, y, z, \lambda, t)$。一幅平面、单色、静止的图像，空间坐标变量 z、波长 λ 和时间变量 t 可以从函数中去除，这样一幅图像可以用二维函数表示，即 $I = f(x, y)$。即用空间坐标 (x, y) 以及灰度幅值 I 来表示一幅图像，如图 1.8 所示。

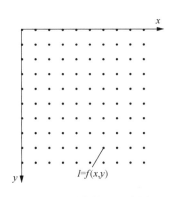

图 1.8　图像信号示意图

1.1.2　图像的采样与量化

图像处理的方法有模拟式和数字式两种。数字计算技术的迅猛发展使得数字图像处理技术得到了广泛的应用。我们在日常生活中见到的图像一般是连续形式的模拟图像，数字图像处理的一个先决条件就是将连续图像离散量化，再转换为数字图像。本书中的图像处理即数字图像处理，就是利用计算机图像进行系列操作，从而获得某种预期结果的技术。

图像的数字化：将代表图像的连续（模拟）信号转变为离散（数字）信号的变换过程，即要将代表图像的空间坐标、灰度幅值这两个变量进行离散化。与模拟信号数字化过程一致，需要解决两个问题：

（1）空间采样（空间坐标的离散化）；

（2）幅度的量化（幅度的离散化，灰度值或亮度值变为若干级）[3]。

1. 采样（抽样，sampling）

把空间上连续的图像变换成离散点的集合，即图像空间坐标 (x, y) 的数字化过程，称为图像采样。其中采样后的这些点称为像素点或者像素。采样点在水平方向和垂直方向上的像素个数分别为 M、N，称该数字图像的大小为 $M \times N$ 像素。

假定一幅图像取 $M \times N$ 个采样点，其采样点的选取一般满足以下规则。

（1）M、N 一般为 2 的整数次幂。

（2）M、N 可以相等，也可以不等。

（3）对于 M、N 数值大小的确定：$M \times N$ 大到满足采样定理，重建图像就不会产生失真。

对于二维图像来说，采样间隔越大，所得图像像素数越少，图像空间分辨率越低，质量越差，严重时出现像素呈块状的国际棋盘效应。采样间隔越小，所得图像像素数越多，图像空间分辨率越高，质量越好，但数据量大，如图 1.9 所示。原则上，满足采样定理时，可以由离散采样值不失真地恢复出原图像函数。

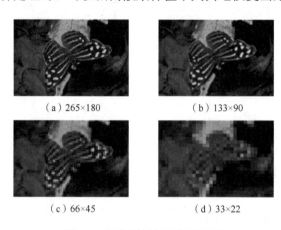

（a）265×180   （b）133×90

（c）66×45   （d）33×22

图 1.9   图像采样与图像的质量

2. 量化（quantization）

图像函数值（灰度幅值）的离散化，即取值的数字化被称为图像灰度级量化。图像的量化处理是将灰度幅值函数 Z 映射到灰度数字函数 Q 的处理。如图 1.10 所示，将连续变化的 $Z \sim Z_{i+1}$ 范围内的灰度函数值，映射成 Q 值，Q 即为量化的整数值。根据 Q 的最大取值即可确定像素的灰度等级。一幅数字图像中不同灰度值的个数称为灰度等级，用 G 表示。若一幅数字图像像素的量化等级 $G=256=2^8$ 级，则像素灰度取值范围一般是 0～255 的整数，在图像中灰度函数值即可反映出颜色值。量化的过程是将从白色到黑色连续变化的颜色，映射成从白色到黑色的各种灰度标度色段。不同颜色色段对应从 0 到 255 的灰度函数值，或者是从 255 到 0 的灰度函数值。

由于用 8bit 就能表示灰度图像像素的灰度值，因此常称 8bit 量化。8bit 量化，灰度等级 $Q=2^8$，即 256 级。从视觉效果来看，采用大于或等于 6bit 量化的灰度图像，视觉效果就能令人满意。

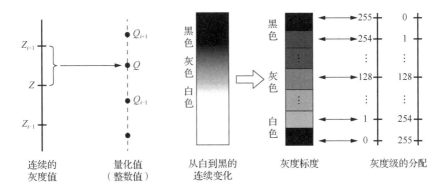

图 1.10 图像量化示意图

从数学角度上看，量化就是将采样后图像的每个样点的取值范围划分成若干区间，并仅用一个数值代表每个区间中的所有取值。为了表示方便，一般情况下量化等级都取为 2 的整数次方，例如 256、128、64 等。如图 1.11 所示，不同量化等级下，图像显示的效果不同，灰度等级越大，图像包含的信息量越多[3]。

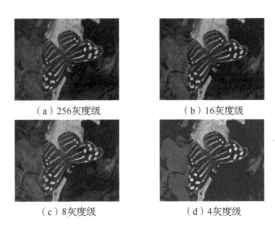

（a）256灰度级　　　　　　（b）16灰度级

（c）8灰度级　　　　　　（d）4灰度级

图 1.11 图像量化与图像的质量

综上所示，数字化图像要解决两个问题：

（1）采样——定影像大小（行数 M、列数 N）；

（2）量化——灰度等级 G 的取值。

一般数字图像灰度等级 G 为 2 的整数幂，即 $G=2^b$，那么一幅大小为 $M \times N$、灰度级数为 G 的图像所需的存储空间为 $M \times N \times b$（bit）。

量化等级越多，所得图像层次越丰富，灰度分辨率越高，质量越好，但数据量大；量化等级越少，图像层次欠丰富，灰度分辨率越低，质量越差，会出现假轮廓现象，但数据量小。

1.1.3 数字图像的数学描述

经过上述图像数字化以后，数字图像由二维的元素组成，每一个元素具有一个特定的位置 (x,y) 和幅值 $f(x,y)$，这些元素就称为像素。数字图像即可描述为坐标点，可按如图 1.12 所示的坐标来约定[3]。

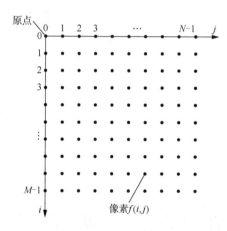

图 1.12　图像坐标系

假如一幅模拟图像 $f(x,y)$ 被采样，产生的数字图像有 M 行 N 列，则坐标 (x,y) 的值变成离散量 (i,j)。i 取值 $0,1,2,\cdots,M-1$，j 取值 $0,1,2,\cdots,N-1$，由此共有 $M\times N$ 个点。通过灰度幅值 $f(x,y)$ 在二维空间的连续变化来描述连续图像。数字图像是连续图像经过离散量化后的形式。数字图像是从计算机科学的角度而言的，可以理解为对二维函数 $f(x,y)$ 进行采样和量化（离散化处理）后得到的图像。因此，通常用二维矩阵来表示一幅数字图像。

设连续图像 $f(x,y)$ 经数字化后，采样和量化的结果是一个实际矩阵，可以用一个离散量组成的矩阵 $g(i,j)$ 来表示：

$$g(i,j)=\begin{bmatrix} f(0,0) & f(0,1) & \cdots & f(0,n-1) \\ f(1,0) & f(1,1) & \cdots & f(1,n-1) \\ \vdots & \vdots & & \vdots \\ f(m-1,0) & f(m-1,1) & \cdots & f(m-1,n-1) \end{bmatrix} \tag{1.1}$$

矩阵中的每一个元素 $f(x,y)$ 即为像元、像素或图像元素；而 $f(i,j)$ 代表 (i,j) 点的灰度值，即光强度值、色彩值。一幅彩色图像各点值还应反映出色彩变化，即可用 $f(x,y,\lambda)$ 表示，其中 λ 为波长。活动彩色图像（电视、电影）应是时间 t 的函数，可表示为 $f(x,y,\lambda,t)$ [3]。

1.2 图像的获取

图 1.13 为人眼获取图像示意图，人眼视觉成像是物体的反射光通过晶状体折射成像于视网膜上，再由视觉神经感知传给大脑，这样人就看到了物体。人类为了拓展视觉以看清微小和远处的物体，发明了显微镜和望远镜。这一类的光学仪器称为目视光学仪器。这类仪器和人眼相配合使用，眼睛也参加了其中的成像，其性能依赖于仪器自身和人眼的特性。人类为获得更丰富的视觉信息，拓展人眼的成像能力，发明了各种类型的光电图像仪器。这些仪器中用于图像获取的核心部件，即图像传感器。

图 1.13 人眼获取图像示意图

成像物镜将外界照明光照射下的（或自身发光的）景物成像在物镜的像面上，形成二维空间的光强分布（光学图像）。将二维光强分布的光学图像转变成一维时序电信号的传感器称为图像传感器。它输出的一维时序电信号经过放大和同步控制处理后，可送给图像显示器再还原出景物图像。图像传感器是一种光电变换器件，它将传感器感光面上的光像转换为与光像成相应比例关系的"图像"电信号，而人眼是一种天然的图像传感器。

1.2.1 图像传感器的分类

图像传感器的种类很多。按照工作方式，可分为直视型光电成像器件、非直视型光电成像器件。按照成像光谱分布，可分为红外、可见光、紫外、X 射线、亚毫米波等非可见辐射探测用图像传感器。按照发展历史和制造工艺，可分为电真空器件、固态成像器件。按照图像的分解方式，可分为光机扫描型图像传感器、电子束扫描图像传感器和固体自扫描图像传感器。

1. 光机扫描型图像传感器

采用光电传感器与机械扫描装置相配合可以构成光机扫描方式的图像传感

器。光机扫描型图像传感器又常分为单元光机扫描方式与多元光机扫描方式的图像传感器。

1）单元光机扫描方式图像传感器

在如图 1.14 所示的光机扫描方式原理图中，单元光电传感器的面积与被扫描图像的面积相比很小，可以看作一个点。扫描机构带动传感器在图像的像面沿水平（x）方向做高速往返运动，称为行扫描。行扫描中沿 x 正方向的扫描运动称为行正程，反之为行逆程。在垂直（y）方向做低速往返运动，称为场扫描。场扫描中沿 y 正方向的扫描运动称为场正程，反之为场逆程。

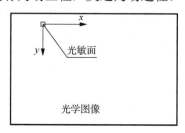

图 1.14　光机扫描方式原理图

行、场扫描应满足下面两个条件。

（1）行周期与场周期满足：

$$T_y = NT_x \tag{1.2}$$

式中，T_y 为光敏单元扫描整幅图像的场周期，为场正程时间 T_{yz} 与场逆程时间 T_{yr} 之和；T_x 为光敏单元扫描一行图像的周期，为行正程时间 T_{xz} 与行逆程时间 T_{xr} 之和；N 为正整数。

（2）行正程时间 T_{xz} 大于行逆程时间 T_{xr}，即 $T_{xz} > T_{xr}$；场正程时间 T_{yz} 大于场逆程时间 T_{yr}，即 $T_{yz} > T_{yr}$。

光机扫描方式的水平分辨率正比于光学图像水平方向的尺寸与光电传感器光敏面在水平方向的尺寸之比。尺寸比越大，一行之内输出的像素点数越多，水平分辨率也越高。同样，垂直分辨率也正比于光学图像垂直方向的尺寸与光电传感器光敏面在垂直方向的尺寸之比。因此，减小光电传感器的面积是提高光机扫描方式分辨率的有效方法。

此类图像传感器的缺点包括以下几点。

（1）传感器光敏面的减小，扫描点数的增多，使行正程的时间增长，或必须提高行扫描速度（当要求行正程时间不变的情况下），这对于光机扫描方式常常是很难实现的。正因为如此，单元光电传感器的光机扫描方式的水平分辨率受到扫描速度的限制。

（2）采用步进扫描方式，速度慢，只适合静态图像转换。

2）多元光机扫描方式图像传感器

为了提高光机扫描方式的分辨率与扫描速度，应采用多元光电传感器实现多元光机扫描方式。

多元光机扫描方式中，行扫描由光电传感器的顺序输出完成。在行正程期间，按排列顺序将光电传感器的输出信号取出形成行视频信号。在这种情况下，机械扫描只需要进行 y 方向的一维扫描便可以将整幅图像转换成视频信号输出，弥补了机械扫描速度慢的缺点，同时减少了双向扫描带来的繁杂的机械扫描机构，如图 1.15 所示。

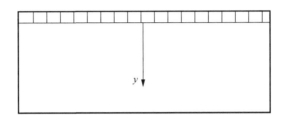

图 1.15　多元光机图像扫描原理图

例如，由线阵型电荷耦合器件（charge coupled device，CCD）光电传感器构成的图像扫描仪是一个典型的多元光机扫描系统，如图 1.16 所示。该系统中线阵型 CCD 完成水平方向的自扫描，而 y 方向由步进电机带动线阵型 CCD 进行慢速的扫描运动，完成对整幅图像的转换，形成视频信号输出。

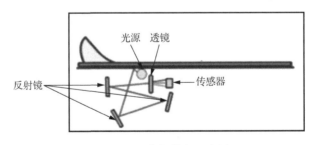

图 1.16　图像扫描仪示意图

2. 电子束扫描图像传感器

电子束扫描成像方式是最早应用于图像传感器的，如早期的各种电真空摄像管、真空视像管，以及红外成像系统中的热释电摄像管等。

这种电子束扫描成像方式中，如图 1.17 所示，被摄景物图像通过成像物镜成像在摄像管的靶面上，以靶面电位分布或以靶面电阻分布的形式将光强分布的图像信号存于靶面，并通过电子束将其检出。

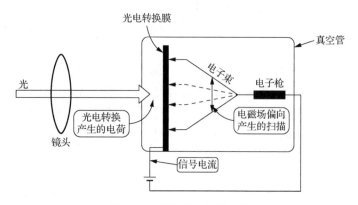

图 1.17　摄像管扫描示意图

　　电子束在摄像管偏转线圈的作用下，进行行扫描与场扫描，完成对整个图像的扫描或分解。当然，行扫描与场扫描要遵守一定的规则。电子束摄像管的电子扫描系统一般要遵守的规则称为电视制式。

　　3. 固体自扫描图像传感器

　　固体自扫描图像传感器是 20 世纪 70 年代发展起来的新型图像传感器件，如 CCD 图像传感器件，互补金属氧化物半导体（complementary metal oxide semiconductor，CMOS）图像传感器件等。

　　这类器件是固定的探测元件，本身具有自扫描功能，例如面阵型 CCD 固体摄像器件的光敏面能够将成像于其上的光学图像转换成电荷密度分布的电荷图像，电荷图像可以在驱动脉冲的作用下按照一定的规则，一行行地输出，形成串行的图像输出信号（或视频信号）。自扫描方式具有刷式扫描成像特点，探测元件数目越多，体积越小，分辨率就越高，在当前成像系统中逐步替代以前的光学机械扫描系统。在有些应用中，将两种扫描方式合成起来，能够获得更为优越的图像传感器。例如，将几个线阵型 CCD 图像传感器或几个面阵型 CCD 图像传感器拼接起来，再利用机械扫描机构，形成一个视场更大、分辨率更高的图像传感器，以满足人们探索宇宙奥秘的需要。

　　这种固体自扫描方式使成像结构发生了根本性变革，使光机扫描的逐点扫描变为逐行扫描、逐面扫描，取消了机械部件，简化了结构，避免了因振动引起的噪声。光敏元可以实现同时曝光，即可延长信号驻留时间，提高了传感器的灵敏度。固体材料制作的图像传感器，波谱响应范围宽，比如硅光敏元可探测 0.4～1.1μm。这类图像传感器无畸变、体积小、功耗低、寿命长、可靠性好。

1.2.2　固态图像传感器

固态图像传感器是指在同一半导体衬底上布设的若干光敏单元和移位寄存器构成的集成化、功能化的光电器件。固态图像传感器是利用光电器件的光电转换功能，将其感光面上的光像转换为与光像成相应比例关系的"图像"电信号的一种功能器件[4]。即利用光敏单元的光电转换功能将投射到光敏单元上的光学图像转换成"图像"电信号。

固态图像传感器的结构有线阵和面阵两种形式，它将光强的空间分布转换为与光强成比例的大小不等的电荷包空间分布。与光强成比例的大小不等的电荷包通过移位寄存器形成一系列幅值不等的时序脉冲序列输出。

固态图像传感器具有体积小、重量轻、析像度高、功耗低和低电压驱动等优点。目前已广泛应用于图像处理、电视、自动控制、自动测量、资源普查、成像侦察和机器人等领域。该类型图像传感器分为 CCD 和 CMOS 两种[5]。

CCD 是指电荷耦合器件，是一种用电荷量表示信号大小，用耦合方式传输信号的探测元件，具有自扫描、感受波谱范围宽、畸变小、体积小、重量轻、系统噪声低、功耗小、寿命长、可靠性好等一系列优点，可做成集成度非常高的组合件[6]。

CCD 是 20 世纪 70 年代初发展起来的一种新型半导体器件，于 1969 年在贝尔实验室研制成功[7]，是由维拉·博伊尔（Willard S. Boyle）和乔治·史密斯（George E. Smith）发明的。他们因"发明了成像半导体电路——电荷耦合器件（CCD）"，在 2009 年 10 月 6 日他们荣获诺贝尔物理学奖。获此殊荣。CCD 发明之后由柯达、索尼等公司开始量产，从初期的 10 多万像素已经发展至目前主流应用的 1000 万像素。CCD 图像传感器又可分为线阵型 CCD 图像传感器和面阵型 CCD 图像传感器两种，其中线阵型 CCD 图像传感器应用于影像扫描器及传真机等，芯片外观如图 1.18 所示。而面阵型 CCD 图像传感器主要应用于数码相机、摄录影机、监视摄影机等影像输入产品上，芯片外观如图 1.19 所示。

图 1.18　线阵型 CCD 图像传感器

图 1.19　面阵型 CCD 图像传感器

　　CMOS 图像传感器是一种典型的固体成像传感器，与 CCD 有着共同的历史渊源，芯片外观如图 1.20 所示。

图 1.20　CMOS 图像传感器

　　1963 年，莫里森发表了可计算传感器，这是一种可以利用光导效应测定光斑位置结构的传感器，成为 CMOS 图像传感器发展的开端。1995 年，低噪声的 CMOS 有源像素传感器单片数字相机获得成功。CMOS 图像传感器通常由像敏单元阵列、行驱动器、列驱动器、时序控制逻辑、模数（analogue-to-digital，A/D）转换器、数据总线输出接口、控制接口等组成，这几部分通常都被集成在同一块硅片上。其工作过程一般可分为复位、光电转换、积分、读出等。目前，手机摄像头是 CMOS 图像传感器最大的终端市场，但在汽车、电子、医疗、安防、工业和物联网等领域的应用也在快速增长[8]。CMOS 图像传感器对传统 CCD 图像传感器发起了冲击[8]。这是因为 CMOS 图像传感器件具有两大优点：一是价格比 CCD 器件低 15%~25%；二是其芯片结构方便与其他硅基元器件集成，从而可有效地降低整个系统的成本。尽管过去 CMOS 图像传感器的图像质量比 CCD 差且分辨率低，然而经过迅速改进，已不断逼近 CCD 的技术水平，这种传感器件已广泛应用于对分辨率要求较低的数字相机、电子玩具、电视会议和保安系统的摄像结构中。在 CMOS 图像传感器芯片上还可以集成其他数字信号处理电路，如 A/D 转换器、自动曝光量控制、非均匀补偿、白平衡处理、黑电平控制、伽马校正等，为了进行快速计算甚至可以将具有可编程功能的数字信号处理器（digital signal processor，DSP）与 CMOS 器件集成在一起，从而组成单片数字相机及图像处理系统。

1.3　数字图像的处理

　　图像处理就是对图像信息进行加工处理，以满足人的视觉心理和实际应用的要求。数字图像处理，即用计算机对数字图像进行处理，该技术源于 20 世纪

20 年代，当时通过海底电缆从英国伦敦到美国纽约采用数字压缩技术传输了一张照片，由电报打印机重建的数字图像如图 1.21 所示[9]。数字图像处理技术可以帮助人们更客观、准确地认识世界，比如应用于登月飞行以及火星探索等。图 1.22 是 1964 年美国国家航空航天局采用数字图像处理技术发回的第一张月球照片。图 1.23 是中国玉兔号抵达月球表面传回月球表面的清晰照片。玉兔号是继美国阿波罗计划后人类重返月球的首个月球软着陆探测器，实现了中华民族千年来九天揽月飞天梦。中国航天科技工作者克服重重困难，努力奋斗，最终成就了中国航天事业的辉煌，这是整个中华民族的骄傲与自豪。

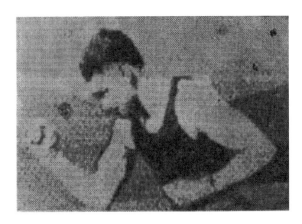

图 1.21 由电报打印机重建的数字图像

图 1.22 第一张月球照片

图 1.23　玉兔号传回的月球照片

　　尽管人眼的鉴别力很高，可以识别上千种颜色，但在很多情况下，图像对于人眼来说仍是模糊的甚至是不可见的。通过图像增强技术，可以使模糊甚至不可见的图像变得清晰明亮[10]。

　　由图像传感器获取的图像，大多要经过数字处理，数字图像处理的图像数据，具有以下几个特点[3]。

　　（1）大多是二维信息，信息量大。比如 256×256 的黑白图像占空间 64KB，512×512 的彩色图像占空间 768KB，25 帧/s 电视图像占空间约 20MB。

　　（2）数字图像传输占用的频带较宽。比如语音带宽为 24kHz，电视图像带宽为 5.6MHz，由此为了实现图像的传输，对图像的压缩提出了要求。

　　（3）有很多数字图像中像素间的相关性较大，相邻像素间的灰度具有连续性，像素间的冗余比较多，这个特点有利于数据压缩。

　　（4）数字图像处理后的图像很多情况下是给人观察和评价的，因此受人的主观因素影响较大。

　　（5）对三维景物图像的理解从一个视角的二维图像通常是不够的。

　　数字图像处理包含三个层次，从低到高依次为图像处理、图像分析、图像理解。

　　第一层次为图像处理。该层次下对图像进行各种加工，以改善图像的视觉效果，或强调图像之间进行的变换[11]。这是一个从图像变换到图像的过程。本书主要介绍该层次的处理，提高图像的对比度，实现图像检测技术，如图 1.24～图 1.27 所示。

（a）增强前　　　　　　　　　　　　（b）增强后

图 1.24　图像增强前后对比

（a）运动模糊图像　　　　　　　　　　（b）恢复图像

图 1.25　图像恢复前后对比

（a）降噪前　　　　　　　　　　　　（b）降噪后

图 1.26　图像降噪前后对比

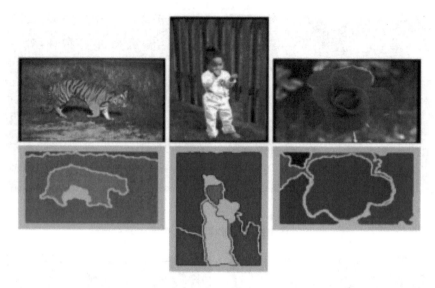

图 1.27　图像分割前后对比

　　第二层次为图像分析。该层次下对图像中感兴趣的目标进行提取和分割，获得目标的客观信息（特点或性质），建立对图像的描述，从而以观察者为中心研究客观世界。这是一个从图像到数据的过程。

　　第三层次为图像理解。该层次下研究图像中各目标的性质和它们之间的相互联系，得出对图像内容含义的理解及原来客观场景的解释。以客观世界为中心，借助知识、经验来推理、认识客观世界，属于高层次操作。这是一个从图像到认识的过程。

■ 1.4　图像检测系统及其应用

　　图像工程是一门交叉学科，研究方法上，与数学、物理学（光学）、生理学、心理学、电子学、计算机科学相互借鉴；研究范围上，与计算机图形学、模式识别、计算机视觉相互交叉。图像检测成像的方式主要由光源、采集器和景物三者的相互位置和运动情况所决定[12]。最简单的是单目成像，即用一个采集器在一个固定位置对场景取一幅图像。此时有关景物的立体信息是隐含在所成像的几何畸变、明暗度（阴影）、纹理、表面轮廓等因素之中的。如果用两个采集器各在一个位置对同一场景取像（也可用一个采集器在两个位置先后对同一场景取像）就是双目成像，此时两幅像之间所产生的视差可用来帮助求取采集器与景物之间的距离。如果用多于两个采集器在不同位置对同一场景取像（也可用一个采集器在多个位置先后对同一场景取像）就是立体成像，可见双目成像是其中一种特例。

从硬件上讲，图像检测系统的原理框图如图 1.28 所示，它可以分成照明系统、图像获取系统、图像采集系统、图像处理和分析系统、图像输出系统等五个部分[3]。

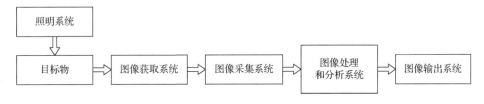

图 1.28　图像检测系统的原理框图

照明系统主要为成像系统提供照明的光源。图像获取系统主要由图像传感器构成成像传感。图像采集系统主要实现图像传感信号的采集以及数字化过程。图像处理和分析系统主要对数字图像进行相应的处理以及分析，以得到所需的结果，该系统主要是以算法的形式实现软件的设计。图像输出系统可以按照需求，包含显示模块、存储模块、通信模块等，可以实现液晶屏、电视屏等显示图像或结果，或者采用磁盘、光盘、U 盘等保存图像或结果，或者实现网络传输图像或结果等。

1. 航天和航空技术方面的应用

图像检测系统在航天和航空技术方面有以下应用：一是对宇宙星体照片的处理；二是在飞机遥感和卫星遥感技术中的应用。

一些国家会利用侦察飞机对其国内地区进行空中摄影，对由此得来的照片进行处理分析。以前需要雇用几千人，现在改用配备有高级计算机的图像处理系统来判读分析，既节省了人力，又加快了速度，还可以从照片中提取出人工所不能发现的大量有用的信息。

从 20 世纪 60 年代末以来，一些国家及国际组织发射了资源遥感卫星（如 LANDSAT 系列）和天空实验室（如 SKYLAB），由于成像条件受飞行器位置、状态、环境条件等影响，图像质量不是很高。而且，以如此高昂的代价进行简单直观地判读来获取图像是不合算的，因此必须采用图像处理技术。例如，利用遥感图像，采用分割等图像处理的手段，普查地区地理情况（图 1.29），分割居住区域等（图 1.30）。

图 1.29　遥感图像普查地理情况

图 1.30　区域航拍图像分割居住区域

2. 生物医学工程方面的应用

图像处理在生物医学工程方面的应用十分广泛，而且很有成效。除了计算机断层扫描（computer tomography，CT）技术之外，还有一类是对医用显微图像的处理分析，如红细胞和白细胞分类、染色体分析、癌细胞识别等。此外，在 X 光肺部图像增晰、超声波图像处理、心电图分析、立体定向放射治疗等医学诊断方面都广泛地采用了图像处理技术。

如图 1.31 所示，72 岁女性，无自觉症状，健康体检中经热红外图像检查后诊断为甲状腺肿瘤，并经其他检查后证实了诊断[13]。

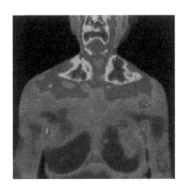

图 1.31　热红外图像检测诊断肿瘤

如图 1.32 所示，通过热红外图像检查，可以方便医生观察血管影像、肿瘤肿块、软组织损伤等。

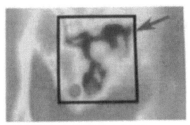

（a）箭头所指为血管影像

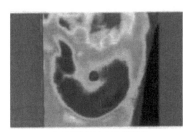

（b）低温冷区为肿瘤肿块

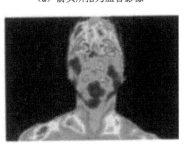

（c）软组织损伤 1

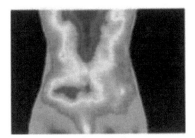

（d）软组织损伤 2

图 1.32　热红外图像检测诊断示意图

3. 通信工程方面的应用

当前通信的主要发展方向是声音、文字、图像和数据结合的多媒体通信，如图 1.33 所示。具体地讲，是将电话、电视和计算机以三网合一的方式在数字通信网上传输。

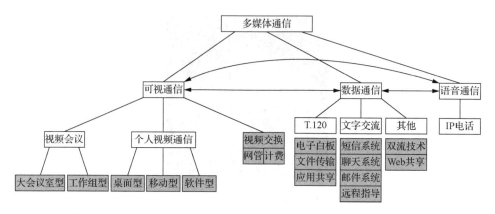

图 1.33　多媒体通信应用示意图

因涉及的图像的数据量巨大，可视通信最为复杂和困难，如传送彩色电视信号的速率在 100Mb/s 以上，要将这样高速率的数据实时传送出去，必须采用编码技术来压缩信息的数据量[14]。在一定意义上讲，编码压缩是这些技术成败的关键。除了已应用较广泛的熵编码、差值编码、变换编码外，目前国内外正在大力开发研究新的编码方法，如分行编码、自适应网络编码、小波变换图像压缩编码等。

4. 工业和工程方面的应用

在工业和工程领域中，图像处理技术有着广泛的应用，如自动装配线中检测零件的质量，并对零件进行分类[15]；工业检测中形心的确立、测量端点（面）的判别、印刷电路板的疵病检查、弹性力学照片的应力分析、流体力学图片的阻力和升力分析和邮政信件的自动分拣；在一些有毒、放射性环境内识别工件及物体的形状和排列状态；在制造技术中采用工业视觉等。

其中，值得一提的是研制具备视觉、听觉和触觉功能的智能机器人，将会给工业生产带来新的发展，目前智能机器人已在工业生产中的喷漆、焊接和装配中得到有效利用。

如图 1.34 所示的玻璃管生产线上，利用图像检测技术对相关尺寸进行实时监测，包括玻璃管外径、内径、壁厚、截面积、椭圆度、弯曲度、偏壁度、管重等参数。

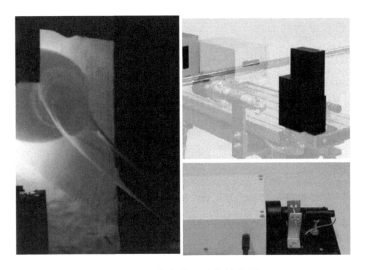

图 1.34 玻璃管尺寸在线监测

5. 军事、公安方面的应用

在军事、公安方面,图像处理和识别主要用于:导弹的精确制导,各种侦察照片的判读,具有图像传输、存储和显示的军事自动化指挥系统,飞机、坦克和军舰模拟训练系统等;公安业务图片的判读分析,指纹识别,人脸鉴别,不完整图片的复原,以及交通监控、事故分析等。

目前已投入运行的高速公路不停车自动收费系统中的车辆和车牌的自动识别都是图像处理技术成功应用的例子[16]。图 1.35 是伪彩色增强图像处理在安检系统中的应用。通过图像处理可以更清楚、直观、方便检测出违禁物品。

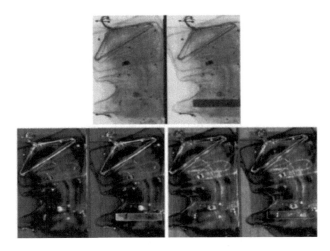

图 1.35 伪彩色增强图像处理在安检系统中的应用

6. 文化艺术方面的应用

目前文化艺术方面的应用有电视画面的数字编辑、动画的制作、电子图像游戏、纺织工艺品设计、服装设计与制作、发型设计、文物资料照片的复制和修复、运动员动作分析和评分等，现在已逐渐形成一门新的艺术——计算机美术。

从上面列举的部分应用可以看出，数字图像处理在国民经济发展、国防建设以及科学研究中发挥着巨大的作用。

■ 习题

1.1　图像信息作为计算机的处理对象表现为数字图像，其特点表现在哪几个方面？

1.2　什么是图像及数字图像？两者的区别是什么？

1.3　什么是采样与量化？

1.4　请阐述采样频率的定义。

1.5　图像因其表现方式的不同，可以分为哪些种类？

1.6　对应于不同的场景内容，一般数字图像可以分为哪几类？

1.7　图像的数字化包含哪些步骤？简述这些步骤。

1.8　图像量化时，如果量化级比较小会出现什么现象？为什么？

1.9　请阐述图像传感器的分类。

1.10　请将 CCD 及 CMOS 图像传感器进行对比分析。

1.11　说明图像检测系统的应用及构成。

1.12　通过查询资料，以汽车碰撞预警系统为例，说明图像检测系统的构成。

参 考 文 献

[1] 张洪刚, 陈光, 郭军. 图像处理与识别[M]. 北京: 北京邮电大学出版社, 2006.

[2] 王庆有. 光电传感器应用技术[M]. 北京: 机械工业出版社, 2020.

[3] 于殿泓. 图像检测与处理技术[M]. 西安: 西安电子科技大学出版社, 2006.

[4] 刘云仙. 固态图像传感器的作用及实际应用[J]. 云南科技管理, 2011, 24(3): 72-74.

[5] 陈东雷, 王清元, 张天顺. 浅谈固态图像传感器的应用前景[J]. 青岛理工大学学报, 2007(5): 70-74, 78.

[6] Joost S. 图像传感器的发展及应用现状[J]. 中国公共安全, 2015(12): 86-87.

[7] 黄观峰. 图像传感器的应用及前景[J]. 中国公共安全(综合版), 2012(20): 226-227.

[8] 李东宏. 传感器应用领域不断拓展图像传感器成为新亮点[J]. 世界电子元器件, 2004(10): 25-26.

[9] 徐杰. 数字图像处理[M]. 武汉: 华中科技大学出版社, 2009.

[10] 秦玺淳. 数字图像处理技术[J]. 数字通信世界, 2017(12): 174, 207.

[11] 齐艳丽. 图像检测方法研究[J]. 中国标准化, 2020(1): 153-155.

[12] 陈哲, 王慧斌. 图像目标检测技术及应用[M]. 北京: 人民邮电出版社, 2016.

[13] 王金博. 图像分析在检测中的应用[J]. 中国设备工程, 2018(14): 122-123.

[14] 刘宇, 刘伟, 马继光. 数字图像处理技术的应用[J]. 科教导刊(电子版), 2020(12): 282-283.

[15] 蒋浩然. 数字图像处理的应用和发展[J]. 电子世界, 2020(11): 80-81.

[16] 扈乐华. 浅析数字图像处理技术的应用[J]. 移动信息, 2021(1): 50-51.

第 2 章

CCD 图像传感器

CCD 它是固体图像传感器的一种[1]。

最早的 CCD 是 1969 年由美国贝尔实验室（Bell Labs）的维拉·博伊尔（Willard S. Boyle）和乔治·史密斯（George E. Smith）发明的[2]。当时贝尔实验室正在研发影像电话和半导体气泡式内存。将这两种新技术结合起来后，维拉·博伊尔和乔治·史密斯得出一种装置，命名为"电荷'气泡'元件"（charge "bubble" devices）。这种装置的特性就是它能沿着一片半导体的表面传递电荷，人们便尝试将其作为记忆装置，当时用"注入"电荷的方式输入记忆，利用暂存器存储记忆。但随即发现光电效应能使此种元件表面产生电荷，从而组成数位影像。紧接着贝尔实验室的研究人员能够使用简单的线性装置捕捉影像，CCD 就此诞生。有几家公司接续此发明，着手进行下一步研究，包括快捷半导体，其中快捷半导体的产品率先上市，于 1974 年发表 500 单元的线性装置和 100×100 像素的平面装置。CCD 图像传感器从此出现在大众视野，并广泛应用于多个领域。电荷耦合器件的突出特点是以电荷载荷为信号载体，而不同于其他大多数器件是以电流或电压为信号载体[3]。CCD 基本功能包括电荷的注入、电荷的存储、电荷的转移、电荷的输出四个部分[4]。当光入射到 CCD 的光敏面时，CCD 首先完成光电转换，即产生与入射光辐射量呈线性关系的光电荷。CCD 的工作原理是被摄物体反射光线到 CCD 器件上，CCD 根据光的强弱积聚相应的电荷，产生与光电荷量成正比的弱电压信号，经过滤波、放大处理，通过驱动电路输出一个能表示敏感物体光强弱的电信号或标准的视频信号[5]。基于上述将一维光学信息转变为电信息输出的原理，线阵型 CCD 可以实现图像传感和尺寸测量的功能。

CCD 有两种基本类型，一是电荷包存储在半导体与绝缘体之间的界面，并沿着界面传输，这类器件称为表面沟道 CCD（surface channel charge coupled devices，SCCD）；二是电荷包存储在离半导体表面一定深度的体内，并在半导体体内沿着一定方向传输，这类器件称为体沟道或埋沟道器件（bulk channel charge coupled devices，BCCD）。本章以 SCCD 为例说明 CCD 工作原理。

■ 2.1　CCD 基本单元结构

构成 CCD 的基本单元结构包括了三层结构，即金属-氧化物-半导体（metal oxide semiconductor，MOS）结构，如图 2.1 所示[6]。

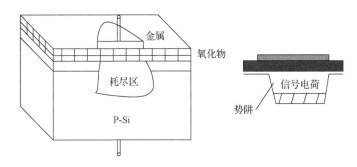

图 2.1　CCD 基本单元结构示意图

CCD 采用 P 型半导体作为衬底，而后在衬底表面上用氧化的办法生成氧化层 SiO_2，再在氧化层表面蒸镀金属层（多晶硅），形成金属电极，在衬底和金属电极间加上一个偏置电压，从而构成 1 个 MOS 电容器。当有光线照射时，光子投射到 MOS 电容器上，光子穿过透明电极及氧化层，进入 P 型半导体衬底，衬底中处于价带的电子将吸收光子的能量而跃入导带，产生光电吸收效应。电子在跃迁的过程中形成了电子-空穴对，在外加电场的作用下，分别向电极的两端移动，产生信号电荷，并在电极组成的势阱中存储起来，为下一步移动及传输作准备。

■ 2.2　电荷的注入

2.2.1　光注入

当光照射到 CCD 硅片上时，在栅极附近的半导体内将产生本征吸收，生成电子-空穴对，多数载流子（空穴）被栅极电压排斥，少数载流子（电子）则被收集在势阱中形成信号电荷，形成光注入[7]。光注入方式又可分为正面照射与背面照射方式。

光注入的电荷量为

$$Q_{in} = \eta q N_{eo} A t_c \tag{2.1}$$

式中，η 为材料的量子效率；q 为电子电荷量；N_{eo} 为入射光的光子流速率；A 为光敏单元的受光面积；t_c 为光的注入（积分）时间。

当所设计的驱动器能够保证其注入时间稳定不变时，注入 CCD 势阱中的信号电荷只与入射辐射的光子流速率 N_{eo} 成正比。

在单色光入射辐射时，入射光的光子流速率与入射光谱辐射通量的关系为

$$N_{eo} = \frac{\phi_{e,\lambda}}{h\upsilon} \qquad (2.2)$$

式中，h、υ、λ 均为常数。

在这种情况下，光注入的电荷量 Q_{in} 与入射的光谱辐射通量 $\phi_{e,\lambda}$ 呈线性关系。

2.2.2 电注入

电注入就是以电流或电压的方式向 CCD 势阱中注入信号电荷，以实现某种目的。电注入常用的方法有两种，即电流注入法与电压注入法。

1. 电流注入法

图 2.2 为电流注入法的结构示意图。由 n$^+$ 扩散区和 P 型半导体衬底构成了注入二极管的结构。IG 为 CCD 的输入栅极（input gate），其上加适当的正偏压使栅极下面的势阱保持一定深度，能使 ID 电极下面的电子通过它而进入电极 CR2 势阱中。

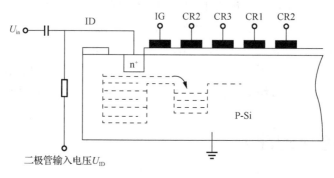

图 2.2 电流注入法结构示意图

当输入信号 U_{in} 加在二极管 ID 上时，若恰逢 CR2 为高电平，此时可将 n$^+$ 扩散区看作 MOS 管的源极，IG 为栅极，而 CR2 为其漏极，于是在栅极 IG 电压的控制下，ID 下方势阱中的电荷将通过 IG 进入 CR2 下方的势阱中。

当二极管工作在饱和区时，输入栅极下沟道的电流 I_s 为

$$I_s = \mu \frac{W}{L_g} \frac{C_{ox}}{2} \left(U_{in} - U_{ig} - U_{th} \right)^2 \qquad (2.3)$$

式中，W 为信号沟道宽度；L_g 为输入栅极 IG 的长度；U_{ig} 为输入栅极的偏置电压；U_{th} 为硅材料的阈值电压；μ 为载流子的迁移率；C_{ox} 为输入栅极 IG 的电容。

经过了 t_c 时间注入后，CR2 下方势阱的信号电荷量：

$$Q_s = t_c \mu \frac{W}{L_g} \frac{C_{ox}}{2} \left(U_{in} - U_{ig} - U_{th} \right)^2 \qquad (2.4)$$

可见，这种注入方式的信号电荷量 Q_s 不仅依赖于 U_{in} 和 t_c，而且与输入二极管所加偏压的大小有关。因此，Q_s 和 U_{in} 没有线性关系。

2. 电压注入法

如图 2.3 所示为电压注入法结构，电压注入法与电流注入法类似，也是把信号加到源极扩散区上，不同的是电压注入法输入电极上加有与 CR2 同位相的选通脉冲，但其宽度小于 CR2 的脉宽。

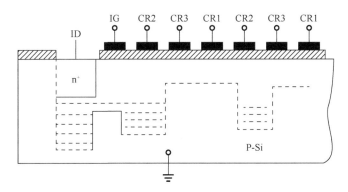

图 2.3　电压注入法结构示意图

在选通脉冲的作用下，电荷被注入第一个转移栅极 CR2 下的势阱里，直到势阱的电位与 n^+ 区的电位相等时，注入电荷才停止。

CR2 下势阱中的电荷向下一级转移之前，由于选通脉冲已终止，输入栅极下的势垒开始把 CR2 和 n^+ 的势阱分开，同时，留在输入电极下的电荷被挤到 CR2 和 n^+ 的势阱中。

■ 2.3　电荷的存储

电荷存储在半导体与绝缘体之间的界面，并沿界面进行转移[8]。如图 2.4（a）所示，栅极 G 上施加电压 U_G 之前，P 型半导体中的多数载流子（空穴）分布是均匀的。当栅极 G 上施加电压 U_G 小于等于 P 型半导体中的阈值电压 U_{th} 时，P 型半导体中的空穴将被排斥，产生图 2.4（b）所示的耗尽区。当栅极电压继续增加，耗尽区将向半导体体内延伸。当 U_G 大于 U_{th} 时，耗尽区的深度与 U_G 成正比，产生表面势。

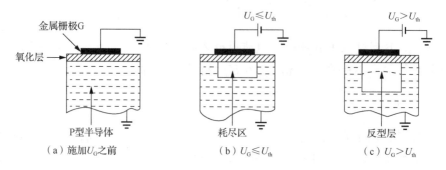

图 2.4　电荷存储示意图

图 2.5 为表面势与栅极电压的关系图，横坐标为栅极电压 U_G，纵坐标为表面势 Φ_s，d_{ox} 为氧化层厚度，P 型半导体硅杂质浓度 $N_A = 10^{21}\text{cm}^{-3}$。由图 2.5 可归纳出以下几点结论：

（1）表面势将随栅极电压的增加而增加。

（2）氧化层的厚度越薄，曲线的直线性越好。

（3）在同样的栅极电压作用下，不同厚度的氧化层有不同的表面势。

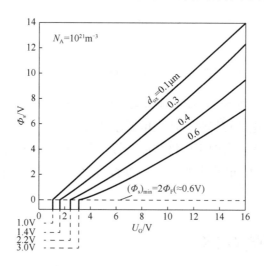

图 2.5　表面势与栅极电压的关系图

图 2.6 为栅极电压不变的情况下，表面势与反型层电荷密度之间的关系图。横坐标为反型层电荷密度 Q_{INV}，纵坐标为表面势 Φ_s。由图 2.6 可以看出，表面势随反型层电荷密度的增加而线性减小。

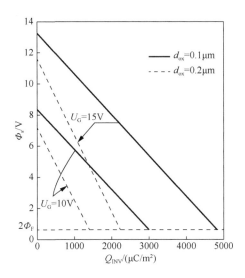

图 2.6　表面势与反型层电荷密度的关系图

依据图 2.5 及图 2.6 的关系曲线，很容易用半导体物理中的"势阱"概念来描述这种关系。电子被加有栅极电压的 MOS 结构吸引到半导体与氧化层的交界处，是因为交界面处的势能最低。在不存在反型层电荷时，势阱的"深度"与栅极电压的关系恰如表面势与 U_G 的关系。

如图 2.7（a）所示空势阱的情况，栅极电压越大，势阱越深。如图 2.7（b）所示为反型层电荷填充 1/3 势阱时表面势收缩的情况。当反型层电荷继续增加，表面势将逐渐减小，反型层电荷密度足够高时，表面势将减小到最低值[图 2.7（c）]。

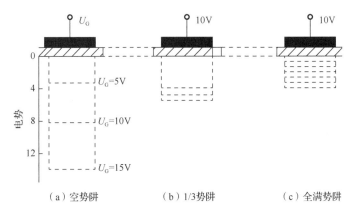

图 2.7　势阱示意图

势阱中电荷的存储容量：

$$Q = AC_{ox}U_G \tag{2.5}$$

式中，A 为电极横截面积；C_{ox} 为分布电容；U_G 为栅极电压。

2.4　电荷的耦合

电荷的耦合是 CCD 的突出特点，也称为电荷的转移[9]。以 4 个靠得很近的电极加上不同电压的情况下为例，分析电荷与势阱的运动规律，如图 2.8 所示。初始时刻栅极电压分布如图 2.8（a）所示，只有①电极为高电平 10V，仅在第一个电极下面的深势阱里存有电荷，其他电极上所加的电压低于阈值。

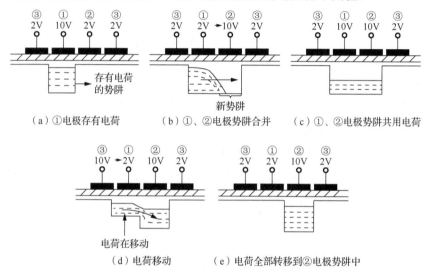

（a）①电极存有电荷　（b）①、②电极势阱合并　（c）①、②电极势阱共用电荷

（d）电荷移动　（e）电荷全部转移到②电极势阱中

图 2.8　三相 CCD 电荷耦合示意图

经过时间 t_1 后，各电极电压变为图 2.8（b）的状况。由于①、②电极靠得很近，两个势阱将会合并在一起，原来在①电极下的电荷变为两个电极下联合起来的势阱所共有，逐渐过渡到图 2.8（c）所示的状况。

再经过 t_1 时间后，各电极电压变为图 2.8（d）状况，①电极上的电压由 10V 变为 2V，②电极上电压仍为 10V，则共有的电荷将逐渐转移到②电极下面的势阱中。如图 2.8（e）所示，深势阱及电荷包向右移动一个位置。

当 CCD 各电极上的电压按照一定规律（三相交叠规律）变化时，电极下的电荷包及深势阱就能沿半导体表面按照一定的方向移动。通常把 CCD 的电极分为几组，每一组称为一相，并施加同样的时钟脉冲。CCD 正常工作所需要的相数由其内部的结构决定。如图 2.9 所示，横坐标为时间，纵坐标为各项脉冲幅值。该 CCD 器件需要三相时钟脉冲驱动，这样的 CCD 称为三相 CCD，必须在三相交叠驱动信号的作用下，才能使电荷沿一定方向逐单元转移。

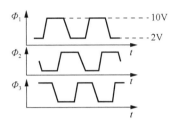

图 2.9　三相 CCD 驱动信号波形图

　　需要注意，CCD 电极间隙必须很小，电荷才能不受阻碍地从一个电极转移到相邻的电极。如果电极间隙过大，两电极间的势阱将被势垒隔开，不能合并，电荷也不能在外部驱动信号的作用下从一个电极向另一个电极转移。能够产生完全转移的最大间隙一般由具体电极结构、表面态密度等因素决定。对于绝大多数的 CCD，1μm 的间隙长度是足够小的。

2.5　电荷的输出

　　电荷的输出也称为电荷的检测，主要是将携带信号的电荷输出[10]。选择适当的输出电路，尽可能地减小时钟脉冲对输出信号的容性干扰。目前 CCD 输出电荷信号的方式主要是电流输出方式。

　　电流输出方式的检测电路如图 2.10 所示，它由检测二极管、二极管的偏置电阻 R、源极输出放大器和复位场效应晶体管等单元构成。

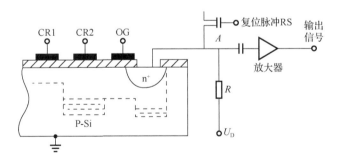

图 2.10　电流输出方式的检测电路示意图

　　当信号电荷在驱动脉冲 CR1、CR2 的驱动下向右转移到最末一级电极下的势阱中后，CR2 电极上电压由高变低时，由于势阱的提高，信号电荷将通过输出栅极 OG 下的势阱进入反向偏置的二极管（n^+）中。

　　进入反向偏置二极管中的电荷，将产生电流 I_d，I_d 的大小与注入二极管中的信号电荷量 Q_s 成正比，在偏置电压 U_D 作用下与偏置电阻 R 成反比。

输出电流 I_d 与注入二极管中的信号电荷量 Q_s 的关系:

$$Q_s = I_d t \tag{2.6}$$

由于 I_d 的存在,使得 A 点的电位发生变化。注入二极管中的信号电荷量 Q_s 越多,I_d 越大,A 点电位越低。所以,可以用 A 点的电位来检测注入输出二极管中的信号电荷量 Q_s。隔直电容只取出 A 点的电位变化,再通过场效应放大器的输出端输出。

图 2.10 中复位场效应管是用来复位二极管深势阱的。在一个读出周期中,注入输出二极管深势阱中的信号电荷通过偏置电阻 R 放电。偏置电阻太小,信号电荷很容易放掉,输出信号持续时间短,不利于检测。增大偏置电阻,可以使输出信号获得较长的持续时间,在驱动脉冲 CR1 的周期内,信号电荷被卸放掉的数量很小,有利于信号的检测。但是,在下一个信号到来时,没有卸放掉的电荷势必与新转移来的电荷叠加,破坏后面的信号。为此没来得及被卸放掉的电荷通过复位场效应晶体管被卸放掉。

复位场效应管在复位脉冲 RS 的作用下使复位场效应晶体管导通,它导通的动态电阻远远小于偏置电阻的阻值,使输出二极管中的剩余电荷通过复位场效应晶体管流入电源,使 A 点的电位恢复到初始的高电平,为接受新的信号电荷做准备。

2.6　CCD 图像传感器参数指标

用来全面评价 CCD 图像传感器件的主要参数有转移效率、分辨能力、暗电流、灵敏度、噪声、动态范围等[11]。不同的应用场合,对特性参数的要求也各不相同。

1. 转移效率

当 CCD 中的电荷包从一个势阱转移到另一个势阱时,若 Q_1 为转移一次后的电荷量,Q_0 为原始电荷量,则转移效率定义为

$$\eta = \frac{Q_1}{Q_0} \tag{2.7}$$

转移损耗定义为

$$\varepsilon = 1 - \eta \tag{2.8}$$

则光信号电荷进行 N 次转移后,总转移效率为

$$\frac{Q_N}{Q_0} = \eta^N = (1-\varepsilon)^N \tag{2.9}$$

由于 CCD 中每个电荷在传送的过程中要进行成百上千次的转移,因此要求转移效率必须达到 99.99%～99.999%。

2. 分辨能力

分辨能力是图像传感器最重要的特性,用调制传递函数(modulation transfer function,MTF)来表征[12]。当光强以正弦变化的图像作用在传感器上时,电信号幅度随光像空间频率的变化关系即用 MTF 来表征。一般光像的空间频率的单位用线对/毫米表示(1 个线对是两个相邻光强度最大值之间的间隔),图像传感器电极的间隔用空间频率 f_0(单元数/毫米)表示,通常光像的空间频率 f 用 f/f_0 归一化。例如,假设传感器上光像的最大强度间隔为 300μm,传感器的单元间隔为 30μm,则归一化空间频率为 0.1。分辨能力是指其分辨图像细节的能力,主要取决于感光单元之间的距离。根据奈奎斯特采样定理,图像传感器的最高分辨率 f_m 等于它的空间采样频率 f_0(即每毫米中的线对)的一半,即

$$f_m = \frac{1}{2} f_0 \tag{2.10}$$

3. 暗电流

暗电流起因于热激发产生的电子-空穴对,是缺陷产生的主要原因。光信号电荷的积累时间越长,其影响就越大。同时暗电流的产生不均匀,在图像传感器中出现固定图形,暗电流限制了器件的灵敏度和动态范围,在大暗电流或小暗电流处,多数会出现暗电流尖峰。暗电流与温度密切相关,温度每降低 10℃,暗电流约减小一半。对于其中的每个器件,产生暗电流尖峰的缺陷总是出现在相同位置的单元上,利用信号处理,把出现暗电流尖峰的单元位置存储在可编程只读存储器(programmable read only memory,PROM)中,单独读取相应单位的信号值,就能消除暗电流尖峰的影响。

4. 灵敏度

图像传感器的灵敏度是指单位发射照度下,单位时间、单位面积发射的电量[13],即

$$S = \frac{N_S q}{HAt} \tag{2.11}$$

式中,H 为光像的发射照度;A 为单位面积;N_S 为 t 时间内收集的载流子数;q 为电数,mA/W。

为了度量灵敏度,参数定义为单位曝光量作用下器件的输出信号电压,即

$$R = \frac{U_O}{H_V} \tag{2.12}$$

式中,U_O 为线阵型 CCD 的输出信号电压;H_V 为光敏面上的曝光量。

衡量器件灵敏度的参数还常用器件输出信号电压饱和时光敏面上的曝光量表示，称为饱和曝光量，记为 SE。饱和曝光量 SE 越小的器件其灵敏度越高。TCD1209D 的饱和曝光量 SE 仅为 0.06lx·s。

5. 噪声

噪声是图像传感器的主要参数[14]。CCD 是低噪声器件，但由于其他因素产生的噪声叠加到信号电荷上，使信号电荷的转移受到干扰。噪声的来源有转移噪声、散粒噪声、电注入噪声、信号输出噪声等。散粒噪声虽然不是主要的噪声源，但是在其他几种噪声可以采用有效措施来降低或消除的情况下，散粒噪声的大小决定图像传感器的噪声极限值。在低照度、低反差的情况下应用时，更为显著。

6. 动态范围

动态范围 DR 定义为饱和曝光量与信噪比等于 1 时的曝光量之比。但是，这种定义的方式不容易计量，为此常采用饱和输出电压与暗信号电压之比代替。这样，动态范围 DR 为

$$DR = \frac{U_{sat}}{U_{dak}} \tag{2.13}$$

式中，U_{sat} 为 CCD 的饱和输出电压；U_{dak} 为 CCD 没有光照射时的输出电压（暗信号电压）。

显然，降低暗信号电压是提高动态范围的最好方法[15]，动态范围越高的器件品质越高。

■ 2.7 CCD 器件举例

电荷耦合摄像器件就是用于摄像或像敏的 CCD，它的功能是把二维光学图像信号转变成一维以时间为自变量的视频输出信号[16]。

线阵型 CCD 可以直接将接收到的一维光信息转换成时序的电信号输出，获得一维的图像信号。若想用线阵型 CCD 获得二维图像信号，必须使线阵型 CCD 与二维图像做相对的扫描运动。用线阵型 CCD 对匀速运动物体进行扫描成像是非常方便的。

面阵型 CCD 是二维的图像传感器，它可以直接将二维图像转变为视频信号输出。若想知道面阵型 CCD 如何将二维图像转变为视频信号输出，就必须掌握面阵型 CCD 的基本工作原理。

目前，CCD 方面领先的国家主要是美国、韩国和日本，国外生产 CCD 的企业主要有德州仪器公司、通用电气公司、东芝、索尼、三星、佳能、安森美、海

力士等。随着我国国产化芯片进程的加快，国内也有不少企业生产了国产 CCD 器件，主要有中国电子科技集团有限公司、中国科学院上海技术物理研究所、中国科学院半导体研究所、上海韦尔半导体股份有限公司、格科微电子（上海）有限公司、比亚迪服份有限公司、长春长光辰芯微电子股份有限公司等。据中国科学院国家天文台消息，在载人航天工程项目支持下，国家天文台宇宙大尺度结构与巡天研究团组成功研制 9k×9k 全帧转移 CCD 天文相机，于 2023 年联合巡天空间望远镜（China space station telescope，CSST）科学数据处理系统共同在兴隆观测基地 80cm 望远镜上开展了试观测。这是国内首次基于 9k×9k 全帧转移 CCD 的天文观测，使用了国产 CCD 和进口 CCD。国家天文台表示，本次观测验证了该台自研的多通道、大靶面 CCD 相机的性能，同时也为 CSST 科学数据处理系统提供了实测数据，将为后续相机和国产 CCD 的改进提供依据。相信在国人的共同努力下，国产 CCD 会越来越好。

2.7.1　线阵型 CCD 器件

1. 单沟道线阵型 CCD

单沟道线阵型 CCD 顾名思义是在转移信号电荷的时候，以单一的沟通及通路来完成，结构示意图如图 2.11 所示。常用的单沟道线阵型 CCD 是日本东芝公司生产的 TCD1209D。

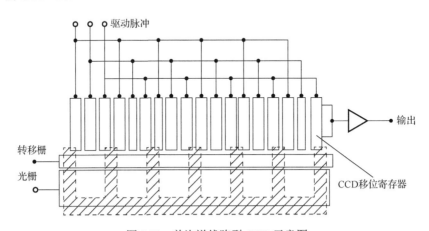

图 2.11　单沟道线阵型 CCD 示意图

TCD1209D 为典型的二相单沟道线阵型 CCD 图像传感器，其基本结构、工作原理及驱动电路等都具有典型性，其原理结构示意图如图 2.12 所示。它只有一行模拟移位寄存器，是典型的单沟道结构。由光敏单元（像素）阵列、转移栅极阵列、水平模拟移位寄存器阵列及输出单元等部分构成。

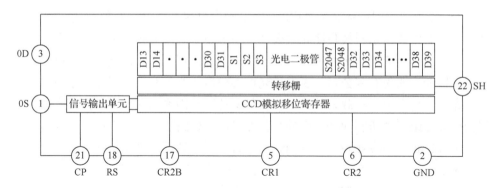

图 2.12   TCD1209D 原理结构示意图

其中光敏单元（像素）阵列由光电二极管像素阵列构成，位于器件的中心部位。光敏单元阵列由 2075 个光敏二极管构成，其中有 26 个光敏二极管（D13~D31 和 D32~D39）被遮蔽，中间 2048 个光敏二极管（S1~S2048）为有效的像敏单元。每个像敏单元的尺寸为 14μm×14μm，相邻两个像素的中心距为 14μm。光电二极管完成信号的注入，光电转换后形成信号电荷。

CCD 模拟移位寄存器完成信号电荷的转移，由驱动信号 CR1 和 CR2 两相时钟完成驱动。转移到电极势阱中的信号电荷将在驱动信号 CR1 和 CR2 的作用下作定向转移（向左转移），直到最靠近输出端的 CR2B 电极。当 CR2B 电极上的电位由高变低时，信号电荷将从 CR2B 电极下的势阱通过输出栅极转移到输出端的检测二极管中。

信号输出单元接于模拟移位寄存器的最末级 CR2B 之后。信号输出单元包括检测二极管、复位场效应晶体管与输出放大器等电路。复位场效应管控制栅极上的脉冲为复位脉冲 RS。信号经缓冲控制（CP 电极）后由输出放大器场效应晶体管的开路源极 OS 端输出。

在 CCD 内部必不可少的重要部分是转移栅极阵列，转移栅极与像敏单元阵列及模拟移位寄存器构成如图 2.13 所示的交叠结构。

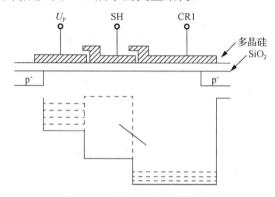

图 2.13   转移栅极功能示意图

　　转移栅极上加转移脉冲 SH，SH 为低电平时，转移栅极电极下的势阱为浅势阱，对像敏区 U_P 下的深势阱起到隔离的"势垒"作用，像敏区累积的信号电荷不会向 CR1、CR2 电极下的势阱中转移。此时，之前的信号电荷即可在移位寄存器中逐个转移到输出单元。在势垒的作用下，新产生的信号电荷对其过程不产生影响。当 SH 为高电平时，转移栅极电极下势阱为深势阱，像敏区累积的电荷通过转移栅极向 CR1 电极下的深势阱转移。

　　因此，转移栅极的功能包括：

　　（1）将光敏区的信号电荷向模拟移位寄存器中转移；

　　（2）在模拟移位寄存器转移信号电荷期间将像素与模拟移位寄存器隔离。在转移栅极的控制下，像敏区进行光积分的同时模拟移位寄存器进行信号电荷的转移。信号电荷能够有条不紊，同时完成信号的生成及信号的转移，互不干扰。

　　依据 TCD1209D 的工作原理，为了保证器件正常工作，需要对其提供驱动控制信号，并要满足这些信号的时序要求，其驱动信号波形如图 2.14 所示。

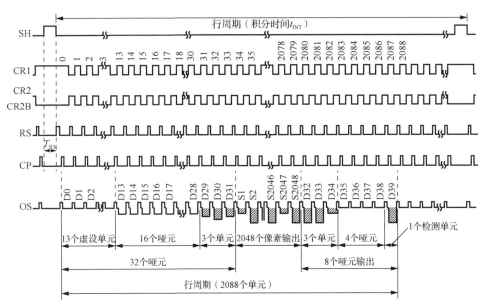

图 2.14　TCD1209D 驱动波形图

　　从该波形图可以看出，转移脉冲 SH 为周期很长的脉冲，低电平时间远长于高电平时间。SH 为高电平期间 CR1 也必须为高电平，必须保证 SH 下降沿落在 CR1 的高电平上，确保所有光敏元的信号电荷能够并行转移到模拟移位寄存器对应 CR1 电极下方形成的深势阱中。SH 为低电平，光敏区进行电荷累积的同时，模拟移位寄存器在驱动信号 CR1、CR2 的作用下，信号电荷左移，最终从 OS 输出。SH 的周期称为行周期，行周期应大于等于 2088 个驱动脉冲 CR1 的周期 T_{CR1}，才能保证 SH 在转移第二行信号时，第一行信号能够全部移出器件。当 SH 由高变低时，OS 端进行输出。每一个驱动信号周期，即输出一个像素，因此像素输出的周期与驱动信号周期一致。CR1、CR2、RS、CP 及 OS 周期相等。

2. 双沟道线阵型 CCD

由两个转移沟道构成的线阵型 CCD 传感器称为双沟道线阵型 CCD，如图 2.15 所示。它包含了两个转移栅极、两个寄存器以及两个输出单元。信号转移的通道有 A、B 两路，输出信号也有 A、B 两路，信号电荷同时由 A、B 两个通道转移及输出。

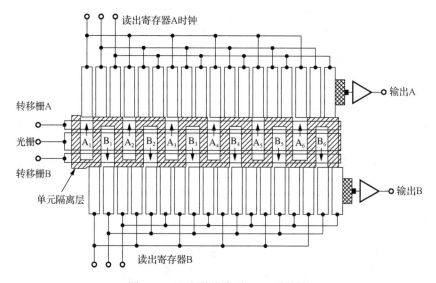

图 2.15 双沟道线阵型 CCD 结构图

常用的双沟道线阵型 CCD 是日本东芝公司生产的 TCD1251D，其原理结构如图 2.16 所示。它包含了光电二极管感光阵列、两部分存储栅极及转移栅极、两部分模拟移位寄存器、输出单元。

TCD1251D 由 2752 个 PN 结光电二极管构成像素阵列，其中前 27 个和后 11 个是用作暗电流检测而被遮蔽的 PN 结，图中用符号 Di（$i=13,14,15,\cdots$）表示；中间的 2700 个光电二极管为光像敏单元，图中用 Si（$i=1,2,3,\cdots$）表示。每个像素的尺寸为长 11μm、高 11μm，中心距为 11μm，光敏元阵列总长为 29.7mm。像素阵列的两侧是用作存储光生电荷的 MOS 电容存储栅极。

CCD 模拟移位寄存器完成信号电荷的转移，由驱动信号 CR1 和 CR2 两相时钟下完成驱动。转移到电极势阱中的信号电荷将在驱动信号 CR1 和 CR2 的作用下作定向转移（向左转移）。奇数像素信号电荷从模拟移位寄存器 1 转移并输出，偶数像素信号电荷从模拟移位寄存器 2 转移并输出。在输出单元，奇偶像素拼接后由 OS 端输出。在复位脉冲 RS 与嵌位脉冲 CP 的作用下由 OS 端输出各个像素的模拟脉冲信号。该器件将输出 OS 信号与 DOS 信号，其中 OS 信号含有效光电信号，DOS 输出为补偿信号。

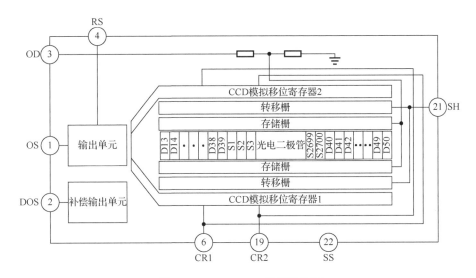

图 2.16　TCD1251D 原理结构图

该器件驱动信号波形如图 2.17 所示，由于双沟道同时转移及输出，每一个驱动信号周期输出两个像素，因此像素输出的周期是驱动信号周期的一半。

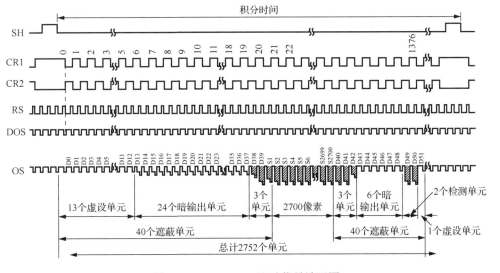

图 2.17　TCD1251D 驱动信号波形图

2.7.2　面阵型 CCD 器件

感光阵列以二维形式排列的传感器为二维面阵型传感器,二维面阵型 CCD 图像传感器有不同的结构或排列方式。

1. 帧转移面阵型 CCD

如图 2.18 所示为三相帧转移面阵型 CCD 的结构图。它由像敏区、暂存区和水平移位寄存器三部分组成。像敏区由若干个电荷耦合沟道组成,各沟道之间用沟阻隔开,水平电极横贯各个沟道。暂存区的结构和单元数目与像敏区相同,它与水平移位寄存器均被金属铝遮蔽。

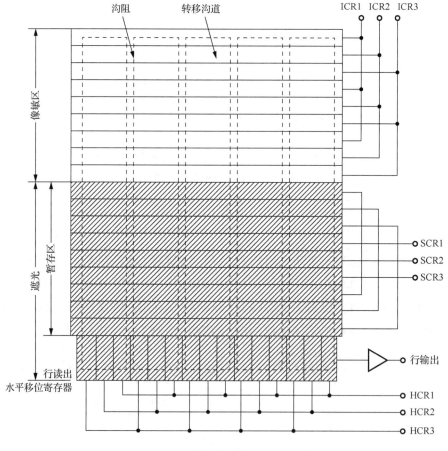

图 2.18　三相帧转移面阵型 CCD 结构图

物体经物镜成像到像敏区,在场正程期间,像敏区收集光生电荷。于是,像敏区将光学图像转变成电荷包"图像"进行累积，这段时间称为光积分时间。当光积分时间结束，进入场逆程时间，像敏区累积的信号被迅速转移到暂存区。进入下一场正程时间时，像敏区又进入光积分状态。暂存区与水平移位寄存器按行周期工作，输出视频信号。

这种方式的面阵型 CCD，原理、设计简单，但这种结构需要像敏区及暂存区两个相同结构，且需要单独设计，占据空间不易小型化。

2. 隔列转移型面阵型 CCD

如图 2.19 所示，像敏单元呈二维分布排列，每列像敏单元被遮光的读出寄存器及沟阻隔开，像敏单元与读出寄存器之间有转移控制栅极。由于每列像敏单元均被读出寄存器所隔，因此，这种面阵型 CCD 称为隔列转移型面阵型 CCD。

在场正程期间像敏区进行光积分，这个周期转移栅极为低电平，转移栅极下的势垒将像敏单元的势阱与读出寄存器的变化势阱隔开。像敏区在光积分的同时，移位寄存器一行行将每一行信号电荷向水平移位寄存器转移。

当光积分周期结束，进入场逆程时间，转移栅极产生一个正脉冲，将像敏区的信号电荷并行转移到垂直寄存器中。

转移过程结束后，光敏单元与读出寄存器又被隔开，转移到读出寄存器的电荷一行行向水平读出寄存器中转移，经输出放大器后输出视频信号。

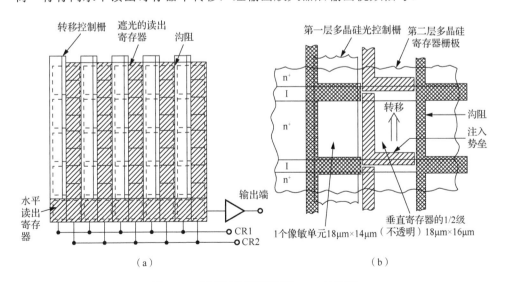

图 2.19　隔列转移型面阵型 CCD 结构图

这种结构的面阵型 CCD，可以节约空间，设计小型化，但是由于行与行之间是隔开的，增加了行间像素之间的距离，测量的时候会影响尺寸的精度。

3. 线转移型面阵型 CCD

图 2.20 为线转移型面阵型 CCD 结构图，与前面两种 CCD 相比，取消了存储区，多了一个线寻址电路。

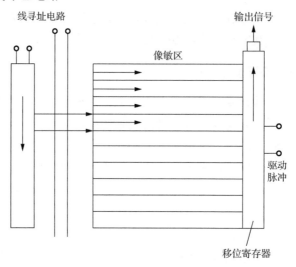

图 2.20　线转移型面阵型 CCD 结构图

它的像敏单元是一行行紧密排列成面阵型 CCD 的光敏区，每一行都有确定的地址。它没有水平读出寄存器，只有一个垂直放置的输出移位寄存器。当线寻址电路选中某一行像敏单元时，驱动信号将使该行的光生电荷包一位一位地按箭头方向转移，并移入输出寄存器。输出寄存器在驱动信号的作用下使信号电荷包经输出放大器输出。

根据不同要求，线寻址电路发出不同编码，就可以选择扫描方式，实现逐行或隔行扫描，也可以只选中一行输出，工作在线阵状态。

4. 典型芯片举例

ICX415AL 型 CCD 芯片是由索尼公司生产的行间转移型面阵型 CCD 芯片，对角线为 8mm，尺寸为 8.3μm×8.5μm，总像素数为 823(H)×592(V)，有效像素数为 782(H)×82(V)。其具有以下几种特点：

（1）高灵敏度、低暗电流；

（2）可以读出所有像素；

（3）具有连续可变的电子快门功能；

（4）没有电压调整，抗晕特性良好。

ICX415AL 的基本结构如图 2.21 所示。感光单元与存储单元在其中并排排列，相当于垂直 CCD 一排排的排列，在垂直转移结束后，$V_{\Phi 1}$、$V_{\Phi 2}$、$V_{\Phi 3}$ 采集到的像素信号转移到最下面一行的水平 CCD，然后在水平 CCD $H_{\Phi 1}$、$H_{\Phi 2}$ 的作用下与复位时钟 RG 一起通过放大器输出。

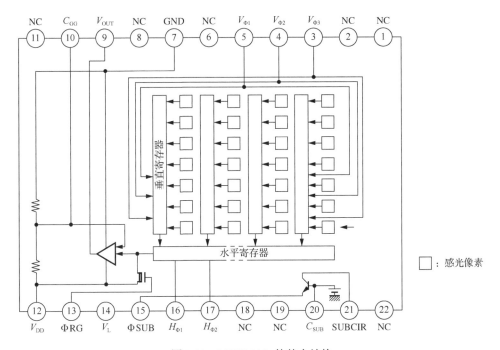

图 2.21　ICX415AL 的基本结构

　　行间转移型面阵型 CCD ICX415AL 工作时分为三个阶段：垂直转移阶段、曝光阶段和水平转移阶段。垂直转移需要一个三相电平，且三相电平满足一定的相位差，这些三相电平将成像单元的电荷转移至存储单元，要使电荷水平移动必须在垂直转移驱动信号的驱动下才能实现，并且这种转移逐行向水平移位寄存器移动。

　　成像单元在曝光阶段开始积累光生电荷，SUB 信号决定曝光时间。在水平转移阶段，移至水平移位寄存器的信号在水平转移驱动信号的驱动下逐个像素地转移至浮置扩散节点处输出。ICX415AL 正常工作的驱动信号时序如图 2.22 所示。

　　行间转移型面阵型 CCD 的驱动信号主要有四类。

　　$V_{\Phi 1}$、$V_{\Phi 2}$、$V_{\Phi 3}$ 为垂直转移时钟信号，这三种信号满足一定的相位差，垂直转移时钟信号采用三相电平，每间隔 3 个电极位置的电极通过芯片边缘的总线连接在一起，保证是同一相电极。三相电平的产生就是在每帧图像曝光结束后，三相电平将感光单元的电荷转移到相邻的存储单元中，通过垂直转移驱动信号的驱动，电荷逐行转移到水平移位寄存器。

　　水平转移时钟信号 H1、H2 满足两相驱动的交迭驱动原理。在每行的垂直转移期结束后，电荷转移至水平移位寄存器中，在水平移位时钟信号的驱动下从输出端输出，每个周期输出一个像素。

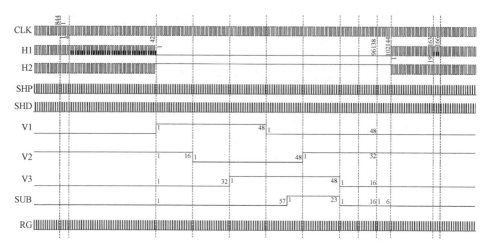

图 2.22　ICX415AL 驱动信号时序图

RG 为复位时钟信号，用于将浮置扩散节点的电荷清除掉，以便能准确测量下一个电荷包。

SUB 为电子快门时钟，通过控制 CCD 曝光时间来实现电荷的转移。当 CCD 在 SUB 信号处于低电平的时候积累电荷，在 SUB 信号出现高电平脉冲时就会将累积的电荷全部清除。因此，通过调节 SUB 低电平的时间就可以改变曝光时间。

■ 习题

2.1　请阐述信号电荷的产生、存储、转移、输出的原理。

2.2　阐述 CCD 图像传感器的分类以及结构特点。

2.3　请简述线阵型 CCD 与面阵型 CCD 各自的工作原理和它们之间的主要区别。

2.4　图像传感器的噪声来源有哪些？降噪方法有哪些？

2.5　电荷注入的方式有哪些，各有什么特点？

2.6　CCD 图像传感器的主要参数指标有哪些？

2.7　CCD 中的电荷包从一个势阱转移到另一个势阱，若原始电荷量为 Q_0，转移一次后的电荷量为 Q_1，转移损耗为 $\varepsilon=1-\eta$，则光信号转移 N 次后，总转移效率为多少？

2.8　若二相线阵型 CCD 器件 TCD1251D 像敏单元为 2700 个，器件的总转移效率为 0.92，试计算它每个转移单元的最低转移效率为多少？

2.9　设 TCD1209D 的驱动频率为 2MHz，试计算 TCD1209D 的最短积分时间为多少？从该器件手册中查到其光照灵敏度（响应 R）为 31V/(lx·s)时，试求使其饱和所需要的最低照度？

2.10　若 TCD1251D 的驱动频率 f_R=1MHz，试计算 TCD1251D 的最短积分时间为多少？从该器件手册中查到其光照灵敏度（响应 R）为 45V/(lx·s)时，此时照度为多少能使器件饱和？

2.11　线阵型 CCD 与面阵型 CCD 的应用案例有哪些？

参 考 文 献

[1] CCD 图像传感器国家级重点实验室. CCD 图像传感器技术与应用[M]. 成都: 电子科技大学出版社, 2004.

[2] 彭真明, 雍杨, 杨先明. 光电图像处理及应用[M]. 成都: 电子科技大学出版社, 2013.

[3] 王忠立, 刘佳音, 贾云得. 基于 CCD 与 CMOS 的图像传感技术[J]. 光学技术, 2003, 29(3): 361-364.

[4] 王庆有. 图像传感器应用技术[M]. 北京: 电子工业出版社, 2003.

[5] 米本和也. CCD/CMOS 图像传感器基础与应用[M]. 陈榕庭, 彭美桂, 译. 北京: 科学出版社, 2006.

[6] Ishihara Y, Tanigaki K. A high photosensitive IL-CCD image sensor with monolithic resin lens array[C]. International Electron Devices Meeting, Washington, D C, USA, 1983: 497-500.

[7] Ishihara Y, Oda E, Tanigawa H, et al. Interline CCD image sensor with an anti blooming structure[C]. IEEE International Solid-State Circuits Conference, San Francisco, CA, USA, 1982, 25: 168-169.

[8] 徐江涛, 王欣洋, 王廷栋, 等. 光学视觉传感器技术研究进展[J]. 中国图象图形学报, 2023, 28(6): 1630-1661.

[9] Yamada T, Ikeda K, Kim Y G, et al. A progressive scan CCD image sensor for DSC applications[J]. IEEE Journal of Solid-State Circuits, 2000, 35(12): 2044-2054.

[10] Teranishi N, Kohono A, Ishihara Y, et al. No image lag photodiode structure in the interline CCD image sensor[C]. International Electron Devices Meeting, San Francisco, CA, USA, 1982: 324-327.

[11] Goji Etoh T, Poggemann D, Ruckelshausen A, et al. A CCD image sensor of 1 Mframes/s for continuous image capturing 103 frames[C]. IEEE International Solid-State Circuits Conference, San Francisco, CA, USA, 2002.

[12] 高静, 张天野, 聂凯明, 等. 超大阵列 CMOS 图像传感器时序控制驱动电路设计[J]. 天津大学学报(自然科学与工程技术版), 2021, 54(1): 75-81.

[13] Agranov G, Berezin V, Tsai R H. Crosstalk and microlens study in a color CMOS image sensor[J]. IEEE Transactions on Electron Devices, 2003, 50(1): 4-11.

[14] 佟首峰, 阮锦, 郝志航. CCD 图像传感器降噪技术的研究[J]. 光学精密工程, 2000, 8(2): 140-145.

[15] Blanksby A J, Loinaz M J. Performance analysis of a color CMOS photogate image sensor[J]. IEEE Transactions on Electron Devices, 2000, 47(1): 55-64.

[16] Kosonocky W F, Shallcross F V, Villani T S, et al. 160×244 element PtSi Schottky-barrier IR-CCD image sensor[J]. IEEE Transactions on Electron Devices, 1985, 32(8): 1564-1573.

第3章

驱动及采集设计

■ 3.1 驱动方法

　　CCD 作为一种成熟的成像器件，它一方面能完成光电转换，另一方面又起度量作用，近年来应用日益广泛。由于 CCD 本身结构上的特点，不同型号的 CCD 要求的驱动信号也不尽相同。CCD 应用的关键是其驱动信号的产生以及其对输出信号的处理，对于不同的应用，输出信号的处理也是不同的，但驱动信号的产生应根据具体的 CCD 时序要求设计驱动电路。目前常用的方法有多种，都有各自的特点，在应用中应根据不同的要求，设计合适的驱动电路。本章主要分析比较几种 CCD 驱动信号的产生方式。

　　CCD 由于精度高、分辨率高、性能稳定、功耗低、寿命长等特点，广泛应用于图像传感和非接触测量领域。在 CCD 应用技术中，其正常工作时驱动信号的产生电路比较复杂，驱动电路的设计也就成为其应用中的关键问题之一。由于不同厂家生产的 CCD 驱动时序不同，而同一厂家不同型号的 CCD 驱动时序也不完全一样，使 CCD 的驱动电路很难规范化、产品化。因此，许多 CCD 用户必须面对驱动电路的设计问题。

　　CCD 的典型驱动脉冲包括：转移脉冲、移位脉冲、复位脉冲、采样保持脉冲、钳位脉冲。它们各自的功能如下。

　　（1）转移脉冲：当其为高电平时转移栅极打开，光生电荷完成从光敏单元到移位寄存器的转移；而其在低电平期间，移位寄存器所有位的信号电荷逐位移出。

　　（2）移位脉冲：即通常所说的两相或三相交叠脉冲，用于完成移位寄存器内相邻位之间的信号电荷的转移。

　　（3）复位脉冲：作用是使复位场效应管导通，以便使输出二极管中的剩余电荷通过复位场效应管流入电源，为接收新的信号电荷作准备。

（4）采样保持脉冲：用于去掉输出信号中的调幅脉冲成分，使输出脉冲的幅度直接反映像敏单元的照度。

（5）钳位脉冲：为了使放大器稳定地工作在线性范围，除了稳定放大器的工作电源外，还必须对其输入信号的直流电平进行控制，这是加入钳位级的目的。

一种典型的两相 CCD 线阵 TCD1209D 的驱动时序图见图 2.14。

目前，CCD 常用产生驱动脉冲的方法有集成电路（integrated circuit，IC）驱动法、可擦除可编程只读存储器（erasable programmable read only memory，EPROM）驱动法、微处理器（DSP、单片机）驱动法，以及可编程逻辑器件（现场可编程门阵列（field programmable gate array，FPGA）和复杂可编程逻辑器件（complex programmable logic device，CPLD））驱动法[1]。

3.1.1　IC 驱动法

在设计中，使用同一时钟对几路脉冲进行控制，以保证相互间确定的时间关系。再用分频器对时钟脉冲进行分频以产生各路脉冲所需的波形。

（1）用与非门 74LS00（或施密特触发器 74LS14）组成环形振荡器作为时钟，分频电路输出再和时钟输出进行与非操作即得 RS 脉冲。

（2）分频输出端再接 JK 触发器组成的分频电路，其输出即得到 CR1、CR2 脉冲。

（3）由分频电路进行脉冲延时，然后去控制 JK 触发器就得到所需的 SH 脉冲的周期。电平转换电路一般采用 MOS 驱动器（如 DS0026、74HC04 等）把 SH、CR1、CR2、RS 反相即得所需的 SH、CR1、CR2、RS 脉冲。

3.1.2　EPROM 驱动法

SH 为行转移脉冲信号；CR1，CR2 为时钟脉冲信号；RS 为复位脉冲信号；CP 为钳位脉冲信号。由图 2.14 的时序可以看出，在 SH、CR1、CR2、CR2B、RS 和 CP6 个信号中，最窄的是 CP 和 RS 两个信号的高电平部分，各个信号的任何部分都是其倍数。根据这一特点，将这组信号以该部分为基本单位划分为若干个等时间间隔，称为状态。而时钟波形电平在一定状态时刻下发生变化，这样任意一路信号都会被分为上万个状态，处于某一状态时，各路信号或 1 或 0，构成一个状态的数据，将数据依次装入 EPROM 中，只要等时间间隔依次输出这些数据就形成了 CCD 所需的各路波形。例如，SH 对应 EPROM 的 D7 位；CR1 对应

D6 位；CR2 对应 D5 位；CR2B 对应 D4 位；RS 对应 D3 位；SP 对应 D2 位，这样就可以写出一系列二进制编码。

根据 CCD 的积分周期时间确定移位脉冲个数，同时考虑暗电流信号和空脉冲个数，可参照 CCD 器件手册，将这些二进制编码预先固化在 EPROM 指定的单元内，当电路工作时，就可将 EPROM 中的数据依次读出，产生相应的信号。

3.1.3 DSP 驱动法

利用 DSP 实现对 CCD 脉冲的驱动具体有三种方法：循环执行主程序实现、定时器结合中断程序实现和定时器实现。

采用 DSP 进行设计，驱动脉冲的产生仅仅是 DSP 的功能之一，最大的好处是可以利用 DSP 强大的计算能力，对 CCD 的输出信号进行处理。

设计的重点是利用 DSP 实现线阵型 CCD 输出信号的处理，故可采用定时器实现的方法。采用该方法的特点是使驱动脉冲的产生和 DSP 对信号的处理能够并行进行，驱动脉冲的产生和信号处理互不影响，充分利用了 DSP 的资源，这样就使得产生的驱动脉冲可控、可靠。具体的思路是利用事件管理器 EVA 的定时器 T_1 结合分立元件产生复位脉冲 RS、采样保持脉冲 SP 和钳位脉冲 CP，T_2 设置成与 T_1 同步的方式可同时作为事件管理器 EVB 的外部时钟，EVB 的定时器 T_3、T_4 可结合分立元件产生转移脉冲 SH 和两相移位脉冲 Φ1 和 Φ2，如图 3.1 所示。

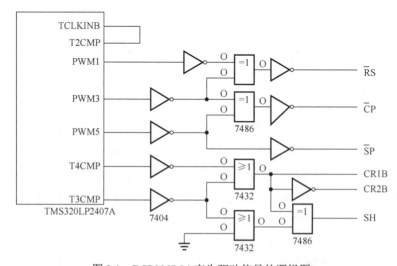

图 3.1　DSP320L24 产生驱动信号的逻辑图

3.1.4　单片机驱动法

由于大多数 CCD 应用系统都含有单片机，这使有关 CCD 应用系统开发者十分自然地考虑用单片机的并行锁存输出口输出所需的驱动脉冲信号，实现对 CCD 的控制[2]。单片机是靠指令产生输入/输出口的输出逻辑状态来产生驱动时序，由于线阵型 CCD 的典型复位脉冲是 1MHz，对单片机的速度有一个最低要求，所以要实现这种驱动方法必须使用指令周期小于 1μs 的单片机。为了获得精确 CCD 驱动时序，不能使用转移指令（循环执行程序）。因为转移指令要根据某种条件产生分支程序，而分支程序在不同条件下执行的指令周期数是不同的，所以造成 CCD 的驱动时序不准确。但是完全不使用转移指令，对于上千像素的 CCD 来说，一个工作周期往往需要几千字节甚至更多字节的程序存储器。解决的办法是避免双重循环结构，采用若干重复的单循环结构，填补其他指令以解决不同分支入口处机器周期数不同的问题，使产生的驱动时序严格符合要求，图 3.2 是一个输出实例的外部电路图。

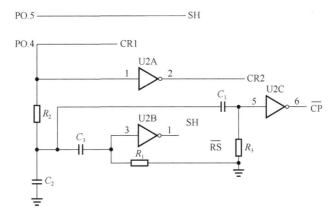

图 3.2　外部电路图

3.1.5　FPGA/CPLD 驱动法

FPGA 和 CPLD 都是可编程逻辑器件，它们的规模较大，适合于时序、组合等逻辑电路应用场合，可以替代几十甚至上百块通用集成电路芯片[3]。这种芯片具有可编程性和实现方案容易改动的特点，通过对 CPLD/ FPGA 重新配置或编程，就可以实现新的功能。CPLD 和 FPGA 在其结构上各有其特点，由于内部结构上的差异导致了它们在功能和性能上的差别。FPGA 采用基于门阵列的结构，内部采用的是分段式互连结构[4]，而 CPLD 则采用连续式互连结构。这一结构上的差异使 CPLD 消除了 FPGA 在定时上的差异，并在逻辑单元之间提供了一条快速、具有固定延时的通路,因而可以通过设计模型精确地计算信号在器件内部的时延,但 FPGA 集成度比 CPLD 高,具有更复杂的布线结构和逻辑实现。由于采用了全新的机构、先进的技术再加上可编程的开发环境,使 CPLD 具有高速度、高集成度、价格合理、开发周期短和有利于在线编程等优势。但其具体的过程,基本与其他几种方法没有太大的区别。图 3.3 和图 3.4 分别是基于 CPLD 实现的仿真框图以及基于 FPGA 实现的控制流程图。

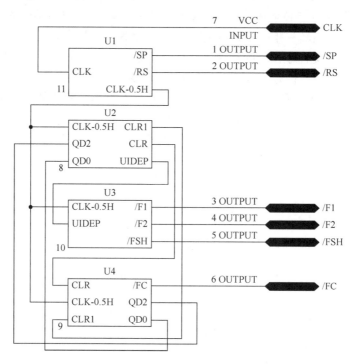

图 3.3　基于 CPLD 实现的仿真框图

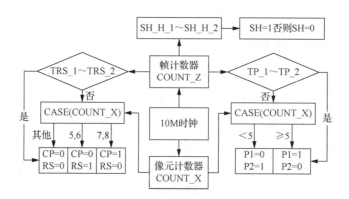

图 3.4　基于 FPGA 实现的控制流程图

3.1.6　几种驱动方法的比较

早期的 CCD 驱动电路几乎全部是由普通数字电路芯片实现的,由于需要复杂的三相或四相交迭脉冲,一般整个驱动电路需要约 20 个芯片,体积较大,设计也复杂,偏重硬件的实现,调试困难,灵活性较差。开发人员在不影响 CCD 工作的前提下,修改脉冲波形以简化电路设计。

EPROM 驱动法,对任何型号的 CCD,其硬件结构几乎不需要变化,只需按 CCD 的典型驱动波形图,将 EPROM 输出数据与 CCD 信号相对应,以及将波形转化成数据即可,设计起来十分简单。而且设计的系统性能稳定,可以进行程序擦除,再开发,但是器件要工作还需要地址发生器,而根据前面分析的结果,要保存一个周期的驱动波形信号需要 14KB 或以上的存储量,相应的地址信号也需要 14 位或更多,设计这么多位的同步计数器又增加了设计工作量,而且电路板面积也随之增大。另外,存储的数据不能在系统中修改。

单片机驱动法与 EPROM 驱动法有些相似,EPROM 驱动法每改变一次地址就输出新的状态数据,单片机驱动法每改变一次端口输出指令就改变了输出数据。在这种设计方法中,硬件电路非常简单但是存在资源浪费较多频率较低的缺陷。

可编程逻辑器件驱动法实现的系统集成度高、速度快、可靠性好。系统每一功能模块完成后可单独仿真,整个系统完成时也可在计算机上进行仿真,不需要外部测试仪器就可以检查修改设计中的问题。另外,利用图像信号处理(image signal processor,ISP)技术后,系统提供编程接口,电子系统的硬件设计变得像软件设计那样灵活而又易于修改。硬件的功能可以实时地加以修改,或按规定程序改变组态。大规模可编程逻辑器件的应用已经是电子系统设计的趋势。

现在应用的 CCD 种类繁多,驱动信号差别很大,使用可编程逻辑器件开发 CCD 时序驱动电路是目前较常用的方法,该方法设计灵活,思路清晰,时序可以仿真,保证了设计的正确性,同时大大减小了电路板的面积,是一种比较好的实现方法。当然,实际应用时,仍需要根据情况选择合适的设计方法。

■ 3.2　常用 CCD 芯片的驱动设计

随着 CCD 技术的飞速发展,传统的时序发生器实现方法如单片机驱动法、EPROM 驱动法、直接数字驱动法等,由于速度和功能上的限制,已不能很好地满足 CCD 应用向高速化、小型化、智能化发展的需要。而不同厂家、不同型号的 CCD 器件的驱动电路各不相同,致使驱动信号的产生必须根据具体的 CCD 器件时序要求来设计驱动电路。如何快速、方便地产生 CCD 驱动电路,成为 CCD 应用的关键问题之一。而可编程逻辑器件（CPLD、FPGA）以其高集成度、高速度、高可靠性、开发周期短的特点可满足这些需要，与超高速集成电路硬件描述语言（very-high-speed integrated circuit hardware description language，VHDL）的结合可以很好地解决上述问题。可编程逻辑器件可以通过软件编程对其硬件的结构和工作方式进行重构，从而使得硬件的设计可以像软件设计那样方便快捷。

传统 CPLD 和 FPGA 的驱动方式类似，采用硬件描述语言，设计合适的硬件电路来驱动，具有响应速度快、驱动效率高等特点。CCD 驱动时序设计方法并不单一，不管是线阵型 CCD 还是面阵型 CCD，它们的驱动时序都是具有周期性的特定电压电平信号。CCD 正常工作时通常需要多路驱动时序信号，而且对时序的要求非常严格。各路时序之间除了有严格的相位关系和各自的驱动电压要求外，至关重要的是各个驱动时序信号的边沿关系。驱动时序性能的好坏直接影响了输出信号的质量。现今，不同的 CCD 芯片其驱动时序信号或多或少有所差异，本章主要采用 FPGA 来对时序电路进行设计，它具有灵活性、易于维护且能够满足 CCD 芯片严格的时序要求等特点，且可以根据不同的 CCD 芯片驱动时序信号的特点进行时序发生器的定制。

FPGA 是一种可以根据用户的自我需要自行改造相应逻辑功能的数字集成电路。利用 FPGA 器件设计驱动电路，可以大大缩减电路板的制作成本，无需外部芯片，提供软件仿真功能，适合完成各种算法和组合逻辑，可靠性以及灵活性都比较高，重新修改原理图或硬件描述语言即可完善设计。同时还可以为图像信号的采集提供时钟以及其他电路的时序匹配。因此，本章主要介绍 FPGA 驱动法对线阵型 CCD 驱动时序信号进行设计，选用 Verilog HDL 语言对时序发生器进行硬件描述以及采用 Quartus II 软件对时序进行功能仿真。国外生产 FPGA 的公司主要有 AMD（Xilinx）、Intel（Altera）、Lattice、Microchip 等。国内生产 FPGA 的公司主要有上海安路信息科技股份有限公司、深圳市紫光同创电子有限公司、上海复旦微电子集团股份有限公司、广东高云半导体科技股份有限公司等。国内 FPGA 厂商起步晚，但是近几年发展速度较快，高科技人才也不断涌现。2023 年西南地区高校 FPGA 产教研研讨会上指出，国内从事 FPGA 相关研发销售企业已接近 30 家，随着国家国产器件替代进程，国产 FPGA 器件市场占比将超过 20%。下面是一些常见 CCD 芯片的驱动案例。

3.2.1 TCD1209D 驱动设计

TCD1209D 的每个光敏单元的尺寸为 $14\mu m \times 14\mu m \times 14\mu m$，光敏阵列的总长度为 28.6mm，最佳工作频率为 1MHz，而最大工作频率可达 20MHz。TCD1209D 的光敏单元阵列总共由 2088 个光敏二极管构成，其中前 32 个和后 8 个作为暗电流检测被遮蔽，有效像素为 2048 个。光敏单元阵列的外侧依次是转移栅极和 CCD

模拟移位寄存器。最后通过信号输出缓冲级将电荷包转换为相应的电压信号输出。它的原理结构图见图 2.12。

TCD1209D 的一个工作周期分为两个阶段，即光积分阶段和电荷转移阶段。在光积分阶段，SH 的低电平形成的浅势阱将存储栅极势阱与 CCD 模拟移位寄存器的势阱隔离，存储栅极势阱积累光电二极管产生的光电荷；与此同时转移时序将上一帧转移到 CCD 模拟移位寄存器中的电荷一位一位输出并在输出结束后清空 CCD 模拟移位寄存器中的无效电荷。在电荷转移阶段，SH 的高电平会形成一个深势阱从而使存储栅极势阱与 CCD 模拟移位寄存器的势阱相连通，此时将存储栅极势阱的电荷转移到 CCD 模拟移位寄存器的势阱中。

本书 CCD 驱动是基于 FPGA 进行逻辑驱动设计，故选择的开发板是 Altera 公司生产的 Cyclone IV E 系列，其主控芯片为 EP4CE10F17C8，采用 BGA236 封装，其主控芯片的原理图如图 3.5 所示。

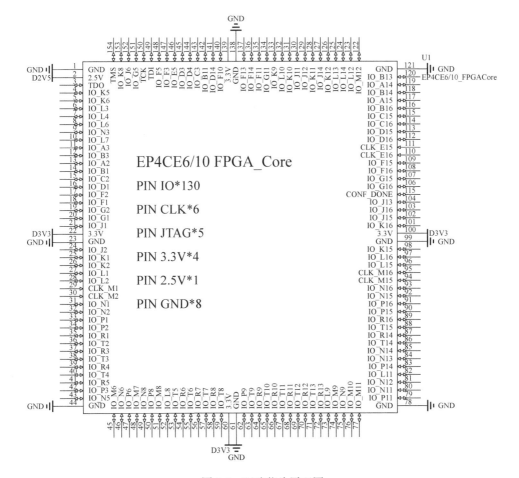

图 3.5　驱动芯片原理图

线阵型 CCD 的驱动时序由 FPGA 控制核心产生，但是由于 TCD1209D 的驱动时钟电压最佳值为 5V，最低值不得小于 4.5V，而 FPGA 的输出电压为 3.3V，想要解决这一问题，则需要完成对点电压提高的要求。比如用三极管的放大电路进行放大驱动，又或者增加电阻的阻值，利用稳压器进行电平转换。再或者是利用反相器进行驱动增大电压，而选择用反相器驱动方法解决这一难题。既可以测量各个脉冲信号的正相值和反相值，又可以解决驱动电压达不到要求的问题，这种反向驱动精度高，驱动也有很好的效果。如图 3.6 是 74HC04 反相器的原理图。

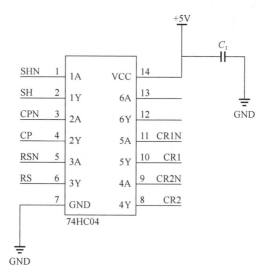

图 3.6　74HC04 反相器原理图

74HC04 内含有 6 组相同的反相器，而 TCD1209D 总共需要 6 路驱动信号，因此 74HC04 正好能满足驱动电路要求，由于 74HC04 是反相器，因此需要在 FPGA 的输出端输出各路驱动信号的反相信号。如图 3.7 为 TCD1209D 的外围电路图。

对 74HC04 的特性进行分析可知，当供电电压大于 4.5V 时，输出端的最小值大于 3.3V，满足线阵型 CCD 传感器 TCD1209D 驱动时序的要求。

在设计了 CCD 的外围驱动电路之后，就要根据 CCD 传感器 TCD1209D 对应的驱动时序来进行软件设计，如图 3.7 所示，TCD1209D 共有 6 路驱动脉冲，分别为第一相时钟 CR1、第二相时钟 CR2、信号输出时钟 CR2B、行转移脉冲 SH、复位脉冲 RS 和钳位脉冲 CP，但 CR2 和 CR2B 的时序一致，因此设计时只需要设计 5 路驱动脉冲。分析时序图可知 SH 与 CR1 的电平高低有一定的联系，当 SH 的电平拉高时，CR1 的电平也要拉高，CR1 的高电平脉冲时间要比 SH 的宽。CR1 与 CR2 是频率相同但波形完全相反的时钟脉冲，当输出为高电平时，其对应

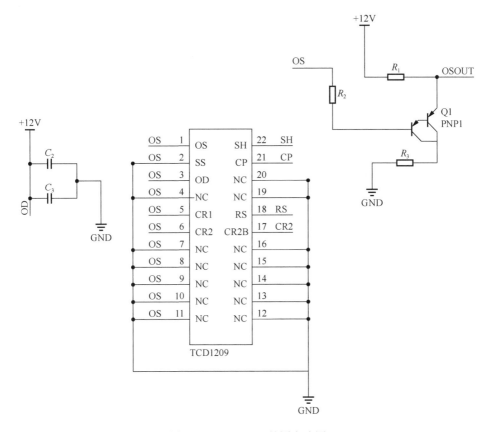

图 3.7　TCD1209D 外围电路图

的光敏元件势阱下存储电荷，CR1 与 CR2 轮流输出高电平就实现了电荷的转移。TCD1209D 的一个工作周期分为光积分阶段和电荷转移阶段，不同阶段所需的时序信号不同。在光积分阶段，SH 恒为低电平，CR1 和 CR2 则为相位相反、周期和占空比相同的方波信号，RS 和 CP 的周期和占空比一致，但 CP 的高电平脉冲出现在 RS 高电平脉冲之后。而在电荷转移阶段，SH 为高电平，控制 CCD 将积分阶段积累的电荷转移到 CCD 模拟移位寄存器中，CR1 为高电平，CR2、RS 和 CP 皆为低电平，因此，在设计时序逻辑电路时把每路信号拆解成与 CCD 工作阶段相对应的两个阶段。据 TCD1209D 的数据手册可知它的最高工作频率可达 20MHz，它的典型工作频率为 1MHz。由 TCD1209D 各路脉冲时序的相位间隔值要求，可以确定 CCD 基本驱动信号 SH、CR1、CR2、RS、CP 的参数。本章中各路脉冲参考的技术指标如下：CR1=CR2=2MHz，占空比为 1∶2，为方波；RS=CP=2MHz，脉冲宽度为 100ns，占空比为 1∶5，为方波；转移脉冲的脉宽为 900ns，CR1 与 SH 为高电平之间有空闲脉宽，脉宽为 1120ns。软件设计部分，用 Verilog

HDL 语言作为开发语言，软件平台选择 Quartus II，开发板选择 Cyclone IV 的 EP4CE10F17C8 芯片系列。由于开发板晶振输出时钟为 50MHz，故一个计数周期为 20ns，而单个像素的驱动时间为 500ns，TCD1209D 总共有 2088 个像素，设计时考虑到输出延时等因素将总的像素驱动脉冲个数设置为 2100 个，每个像素周期即 RS 和 CP 脉冲周期为 500ns，故完整驱动一次 CCD 的时间为

$$t_{\text{TNT}} = 2100 \times 500 = 1050000 \text{ns} \tag{3.1}$$

而震荡时钟是 50MHz，一个时钟周期为 20ns，故需要计数

$$\text{Count} = 1050000 / 20 = 52500 \text{ 个} \tag{3.2}$$

（1）转移脉冲 SH 的程序设计流程图如图 3.8 所示。

设计选择 SH 的脉冲宽度为 900ns，计数选择从 CR1 脉冲信号高电平的中间开始计数，然后其他计数周期置低电平。完成一次对 SH 的计数。

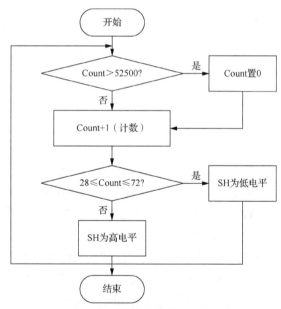

图 3.8　SH 程序设计流程图

（2）驱动脉冲 CR1 程序设计流程图如图 3.9 所示。

驱动脉冲 CR1 起始脉冲宽度置为 2020ns，计数 100 次，且为高电平，后面采用循环的临时计数器设置 CR1 的高低电平循环，占空比设置为 1∶2，完成一次对 CR1 脉冲的计数。CR2 脉冲的程序设计同 CR1 取反即可。

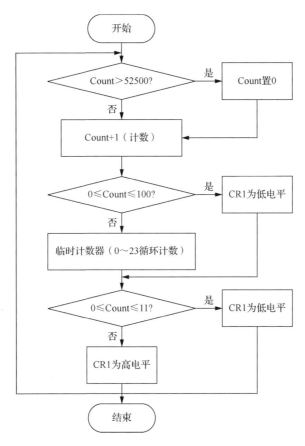

图 3.9　CR1 程序设计流程图

（3）复位脉冲 RS 的程序设计流程图如图 3.10 所示。

复位脉冲 RS 的设计思想同 CR1 类似，设置 RS 的脉冲宽度为 1600ns，计数 80 次，计数 9~13 的时候为低电平，其他则置为高电平，后面同样采用循环临时计数器的方法设置 RS 脉冲信号的高低电平，占空比为 1∶5，完成一次对 RS 信号的计数。钳位脉冲 CP 的设计同 RS 的一样，只需设置一个延时，使 RS 脉冲在上升沿的时候设置为 CP 的下降沿，其他参数设置一样，完成对 CP 脉冲的一次计数。

CCD 驱动时序设计完成后，选用 Modelsim 软件对设计的时序发生器进行仿真，Modelsim 是业界优秀的 HDL 语言仿真软件，它能提供友好的仿真环境，是业界唯一的单内核支持 VHDL 和 Verilog 混合仿真的仿真器。TCD1209D 时序仿真结果如图 3.11、图 3.12 所示。

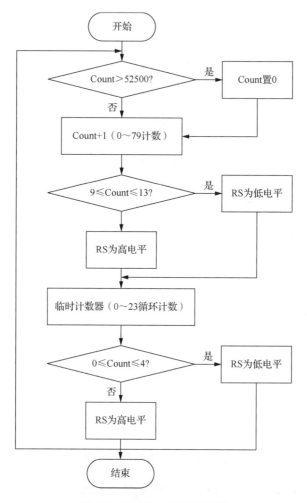

图 3.10 RS 程序设计流程图

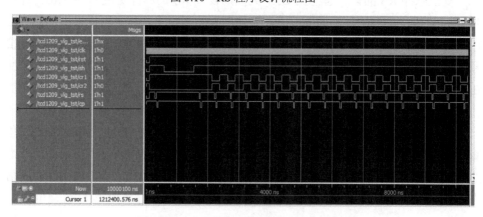

图 3.11 TCD1209D 驱动起始部分波形图

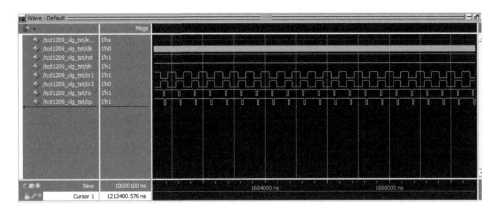

图 3.12　TCD1209D 驱动局部放大波形图

由上述的驱动时序仿真图分析结果可知，SH 的高电平时间包含了若干个 CR1、CR2 驱动信号周期脉冲，CP 的相位较 RS 稍落后，并且 SH 保持在高电平时 RS 保持在低电平。从波形中可观察 CR1、CR2、RS 以及 CP 的周期是一致的，并且当 RS 处于下降沿时 CP 恰好处于上升沿。由此可见各信号驱动时序是符合要求的。

3.2.2　TCD1708D 驱动设计

由 TCD1708D 的器件手册可知，该器件正常工作需要 5 路驱动信号，并且各个驱动信号要严格满足图 3.13 给出的驱动时序[5]。可知每行像素分布情况：首先是 64 个无效像素，然后是 3725 个有效像素，最后是 8 个无效像素，其中包含了一个测试输出位，奇偶每路分别有 3797 个像素。无效像素的作用是保证信号电荷序列能够完整的转移。

线阵型图像传感器要能够正常工作，把其光电转换产生的信号电荷准确而稳定地输出到器件外，就必须提供器件所需要的准确驱动时序，所以在 CCD 使用过程中，要设计满足时序要求的驱动电路。FPGA 芯片提供的输入输出（input/output，I/O）引脚电压为 3.3V 左右，而 TCD1708D 需要五相 5V 的驱动脉冲才能正常工作，所以两者之间需要进行电压匹配以增强驱动能力。可在线阵型 CCD 前加一个74HC04 反相器，来增强驱动能力，同上述 TCD1209D 的设计方法一样，也可使用 TI 公司的 SN74LVC4245A 系列的电平转换芯片实现 3.3～5V 的电平转换，且设计时序时无需反相，若想满足本设计，还需额外为此芯片提供 3.3～5V 的基准电压，通过利用电源稳压芯片可以很方便地得到电路中需要的电压。驱动电路可参考图 3.14，图中使用稳压芯片 SE8117T33HF 获得 3.3V 电压，5V 电压则直接由电源提供。

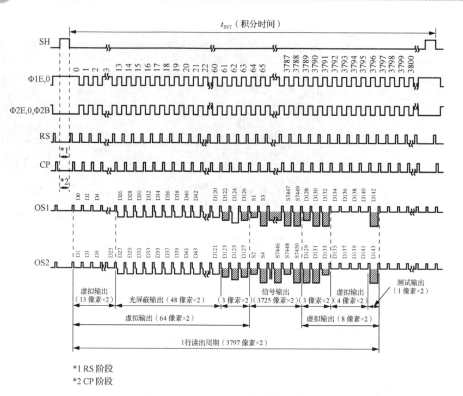

*1 RS 阶段
*2 CP 阶段

图 3.13 TCD1708D 驱动时序图

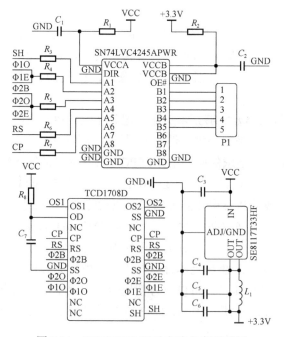

图 3.14 TCD1708D 驱动电路参考原理图

在设计了 CCD 的外围驱动电路之后，就要根据 CCD 传感器 TCD1708D 对应的驱动时序来进行软件设计。依据 TCD1708D 的驱动时序要求，设计时选用 FPGA 主时钟 CLK 频率为 50MHz，则计数器每 20ns 累加 1 次，Φ1、Φ2、RS、CP 均设计为典型驱动频率 1MHz。依照各个驱动信号的同步时序要求设计出如图 3.15 所示的对应关系时序图，方便后续编程快速上手。单个像素的驱动时间是 1000ns，TCD1708D 的像素个数是 3797×2 个，但可以多设置一点时间保证 CCD 完全输出，于是可驱动 4000×2 个，即驱动一次 CCD 的时间是

$$t_{\text{TNT}} = 4000 \times 1000 = 4000000 \tag{3.3}$$

而震荡时钟是 50MHz，一个时钟周期是 20ns，即需要的计数是

$$\text{Count} = 4000000 / 20 = 200000 \tag{3.4}$$

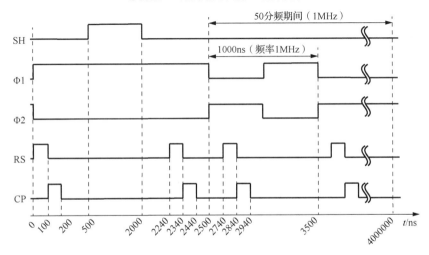

图 3.15 驱动信号同步时序设计图

在这里将此时序图看作两个时间段，第一个时间段为从开始 Φ1 信号高电平期间，在此期间各个信号将通过计数器的数值来决定高低电平状态；第二时间段为 Φ1 信号第一次拉低时，从此时将对 50MHz 时钟进行 50 分频，即可以得到频率为 1MHz 的各路驱动信号，需要注意的是不同的驱动信号开始拉高的时间各不相同。根据厂商芯片手册，需满足关系 CR1 和 CR2 反相，且占空比为 1：1；SH 高电平典型时间为 1500ns，CR1 和 CR2 上升沿的典型拉高时间需提前 SH 信号 500ns，下降沿拉低的时间则需滞后 SH 信号 500ns；RS 和 CP 下降沿的时间间隔典型值为 100ns，且 RS 的高电平持续典型时间为 100ns，最小值 10ns；而 CP 高电平持续时间的典型值为 200ns，最小值 10ns。其中在计数变量≤124（2500ns）时按照芯片手册的时序图波形设计，在计数变量＞125 之后则开始设计 50 分频以便得到频率为 1MHz 的计数器，设计 CR1 和 CR2 占空比为 1：1、RS 和 CP 信号占空比为 1：9。将 FPGA 对应引脚、驱动电路及 CCD 相连，并使用示波器测量 CCD 奇、偶两路输出信号，结果如图 3.16 所示。

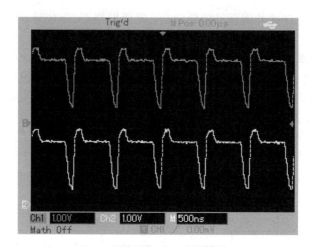

图 3.16　TCD1708D 奇、偶输出信号

由上述的驱动时序仿真图分析,可以使光强适当改变,若 CCD 输出信号也能随之变化,则基本验证了驱动时序设计的正确性。

3.2.3　其他 CCD 驱动设计

其他类型的 CCD 传感器驱动方式都和 TCD1209D 大致相同,主要是基于可编程逻辑器件设计 CCD 芯片的时序来运行,常见的 CCD 芯片还有 TCD1304、TCD1702C、TCD1703C、TCD1304DG、TCD142D 等,下面简单介绍一下TCD1702C。

TCD1702C 是一种有效像素数为 7500 的双沟道二相线阵型 CCD,其像敏单元尺寸为长 7μm,高 7μm,中心距亦为 7μm,像敏区总长为 52.5mm,最佳工作频率 1MHz。TCD1702C 的原理结构如图 3.17 所示,它的有效像素单元分奇、偶两列转移并分别由 OS1 和 OS2 端口输出;驱动脉冲由时钟脉冲 Φ1 和 Φ2、转移脉冲 SH、复位脉冲 RS、钳位脉冲 CP 构成。其中钳位脉冲使输出信号钳制在零信号电平上,这些信号均由 CCD 驱动时序发生器产生。

由 TCD1702C 的驱动时序可知,CCD 的 1 个工作周期分为两个阶段:光积分阶段和电荷转移阶段。在光积分阶段,SH 为低电平,它使存储栅极和模拟移位寄存器隔离,不会发生电荷转移现象。存储栅极和模拟移位寄存器分别工作,存储栅极进行光积分,模拟移位寄存器则在驱动脉冲的作用下串行地向输出端转移信号电荷,最后由 OS1 和 OS2 端分别输出。OS1 输出奇数像素的信号,OS2 输出偶数像素的信号,RS 信号清除移位寄存器中的残余电荷。在电荷转移阶段,SH 为高电平,存储栅极和模拟移位寄存器之间导通,实现感光阵列光积分所得的光生电荷并行地分别转移到光敏区二侧的模拟移位寄存器的电荷势阱中。此时,输出脉冲停止工作,输出端没有有效信号输出。

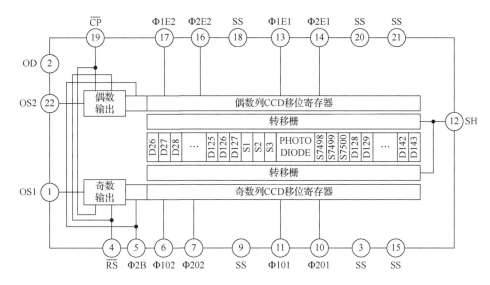

图 3.17　TCD1702C 原理结构图

OS1 和 OS2 端先分别输出 13 个虚设单元信号，再输出 51 个暗信号，最后才连续输出 S1 到 S7500 的有效像素单元信号。在 S7500 信号输出后，又分别输出 7 个暗信号，再输出 1 个奇偶检测信号，以后便是空驱动。由于该器件是 2 列并行输出，分奇、偶传输，所以在 1 个 SH 周期中至少要有 3822 个 Φ1 脉冲，由此可知，改变时钟频率或增加光积分周期内的时钟脉冲数，就可以改变光积分周期。

根据 TCD1702C 驱动脉冲时序关系，可以确定各路脉冲的技术指标如下：Φ1=Φ2=1MHz，占空比为 1∶1，方波；SH 脉冲宽度为 1000ns；Φ1、Φ2 在并行转移时有一个比 SH 高电平持续时间还要长的宽脉冲，脉宽为 2000ns。RS=1MHz，占空比为 1∶4，方波，低电平有效；CP=1MHz，脉冲宽度为 125ns，方波，低电平有效。

■ 3.3　数据采集基础知识

在科研、生产和日常生活中，对温度、压力、流量、速度、位移等模拟量进行测量和控制时，需要通过传感器把上述物理量转换成能够模拟物理量的电信号（即模拟电信号），将模拟电信号经过处理并转换成计算机能识别的数字量，送入计算机，称为数据采集。它是计算机在监测、管理和控制一个系统的过程中，取得原始数据的主要手段。数据采集是指被测对象的各种参量通过各种传感元件经过适当转换后，经采样、量化、编码、传输等步骤，最后送到控制器进行数据处理或存储记录的过程[6]。

数据采集将想要获取的信息通过传感器转化为信号，通过对信号进行调理、采样、量化、编码和传输等步骤，最后送至计算机系统中进行处理、分析、计算等操作。而 A/D 转换是数据采集系统的核心，担负着由传感器送来的模拟信号转换为计算机能处理的数字信号的任务[7]。A/D 转换器的性能对数据采集系统的性能有着至关重要的影响。

3.3.1 A/D 转换基础知识

A/D 转换是将时间连续和幅值连续的模拟量转换为时间离散、幅值也离散的数字量，使输出的数字量与输入的模拟量成正比。A/D 转换的过程有四个阶段，即采样、保持、量化和编码，如图 3.18 所示。在实际电路中，这些过程有的是合并进行的，例如采样和保持、量化和编码往往都是在转换过程中同时实现的。

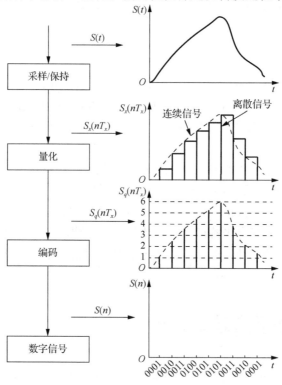

图 3.18 A/D 转换过程

图 3.18 中，T_x 为采样周期，$S(t)$ 表示输入的模拟信号，$S_x(nT_x)$ 表示离散的模拟信号，当采样时间 t 非常小时，可近似看为连续：

$$S_x(nT_x) = S(t) \sum_{n=-\infty}^{+\infty} \delta(t - nT_x) = \sum_{n=-\infty}^{+\infty} X(nT_x)\delta(t - nT_x) \tag{3.5}$$

式中，$\delta(t)$ 是单位脉冲序列，也称为采样函数。

采样是指用每隔一定时间的信号样值序列来代替原来在时间上连续的信号，也就是在时间上将模拟信号离散化，为其进行数字化作好准备。连续的模拟信号经采样后变为幅值不一的脉冲量，成为对时间离散的模拟量。

量化是将连续数值信号变成离散数值信号的过程，又称幅值量化，把采样信号 $S_x(nT_x)$ 经过舍入或截尾的方法变为只有有限个有效数字的数。

我们知道，在电路中数字量通常用二进制代码表示。因此，量化电路的后面有一个编码电路，将数字信号的数值转换成二进制代码。

A/D 转换器的主要技术指标有以下几种[8]。

1）分辨率

分辨率是指可以分辨输入信号的最小变化量。通常用最低有效位（least significant bit，LSB）占系统满量程信号的百分比来表示，或者用实际电压值来表示。A/D 转换器的分辨率通常用转换的位数称呼，如果满量程为 10V，表 3.1 列出了 A/D 的分辨率。

表 3.1　驱动电路部分元件参数

A/D 位数	等级	1LSB 的占比表示（百分比）/%	1LSB 实际电压值表示（满量程 10V）/mV
8	256	0.391	39.1
12	4 096	0.244	2.44
14	16 384	0.006 1	0.61
16	65 536	0.001 5	0.15
20	1048 576	0.000 095	0.009 53

2）转换时间

转换时间是指完成一次转换，得到稳定的数字输出量所用的时间。转换时间的倒数即为转换速率。对于一个有限频谱的连续信号，当采样频率大于成分最高频率的 2 倍时，采样才能不失真地恢复到原来的信号，称为奈奎斯特（Nyquist）采样定理。通常信号的最高频率难以确定，因此实际的采样频率取值高于理论值 5～10 倍。

3）量化误差

A/D 转换把连续的模拟量转换为离散的数字量，用数字量只能近似地表示模拟量，即对一定范围内连续变化的模拟量只能表示为同一个数字量。

4）精度

精度指量化误差和附加误差之和。A/D 转换器除了量化误差还有非线性误差、增益误差、偏移误差等其他因素引起的误差。

3.3.2　A/D 转换器的结构特点

A/D 转换器的采样与保持：采样时将随时间连续变化的模拟量转换为时间离散的模拟量。采样定理表示为：设采样信号 $S(t)$ 的频率越高，所取得信号经低通滤波器后越能真实地复现输入信号。将采样电路每次取得的模拟信号转换为数字信号都需要一定的时间，为了给后续的量化编码过程提供一个稳定值，每次取得的模拟信号必须通过保持电路保持一段时间。采样与保持往往是通过采样-保持电路同时完成的。

量化与编码：数字信号不仅在时间上是离散的，而且在幅值上也是不连续的。任何一个数字量的大小只能是某个规定的最小数量单位的整数倍。为将模拟信号转换为数字量，在 A/D 转换过程中，还必须将采样-保持电路的输出电压，按某种近似的方式归化到与之相应的离散电平上。这一转化过程称为数值量化，简称量化。量化后的数值最后还需通过编码过程用一个代码表示出来。经编码后得到的代码就是 A/D 转换器输出的数字量。

A/D 转换器的种类很多，按其工作原理不同分为直接 A/D 转换器和间接 A/D 转换器两类。直接 A/D 转换器可将模拟信号直接转换为数字信号，这类 A/D 转换器具有较快的转换速度。而间接 A/D 转换器则是先将模拟信号转换成某一中间量（时间或者是频率），然后再将中间量转换为数字量输出。间接 A/D 转换器的速度较慢。常用的 A/D 转换器有积分型、逐次比较型、并行比较型/串并行比较型、Σ-Δ 调制型、电容阵列逐次比较型及压频变换型。它们各自的特点如下：

（1）积分型 A/D 转换器的工作原理是将输入电压转换成时间或频率，然后由定时器或计数器获得数字值。其优点是用简单电路就能获得高分辨率，缺点是由于转换精度依赖于积分时间，因此转换速率极低。初期的单片 A/D 转换器大多采用积分型，现在逐次比较型已逐步成为主流。

（2）逐次比较型 A/D 转换器由一个比较器和数模（digital-to-analogue，D/A）转换器通过逐次比较逻辑构成，从最高有效位 MSB 开始，逐次对每一位将输入电压与内置 D/A 转换器输出进行比较，经 n 次比较而输出数字值。其电路规模属于中等，优点是速度较高、功耗低，在低分辨率时价格便宜，在高精度时价格较高。

（3）并行比较型 A/D 转换器采用多个比较器，仅作一次比较而实行转换，又称 flash 型。由于转换速率极高，n 位的转换需要 $2n-1$ 个比较器，因此电路规模也极大，价格也高，只适用于视频 A/D 转换器等速度特别高的领域。

（4）串并行比较型 A/D 转换器结构介于并行比较型和逐次比较型之间，最典型的是由两个 $n/2$ 位的并行比较型 A/D 转换器配合 D/A 转换器组成，用两次比较实行转换，所以称为半快速（half flash）型 A/D 转换器。还有分成三步或多步实现 A/D 转换的叫作分级型 A/D 转换器，而从转换时序角度又可称为流水线型 A/D

转换器。现代的分级型 A/D 转换器中还加入了对多次转换结果作数字运算而修正特性等功能。这类 A/D 转换器的速度比逐次比较型高，电路规模比并行型小。

（5）Σ-Δ 调制型 A/D 转换器由积分器、比较器、1 位 D/A 转换器和数字滤波器等组成。原理上近似于积分型 A/D 转换器，将输入电压转换成时间信号，用数字滤波器处理后得到数字值。电路的数字部分基本上容易单片化，因此容易做到高分辨率，主要用于音频和测量。

（6）电容阵列逐次比较型 A/D 转换器在内置 D/A 转换器中采用电容矩阵方式，也可称为电荷再分配型。一般的电阻阵列 D/A 转换器中多数电阻值必须一致，在单芯片上生成高精度的电阻并不容易。如果用电容阵列取代电阻阵列，可以用低廉成本制成高精度单片 A/D 转换器。常用的逐次比较型 A/D 转换器大多为电容阵列式。

（7）压频变换型 A/D 转换器是通过间接转换方式实现模数转换的。其原理是首先将输入的模拟信号转换成频率，然后用计数器将频率转换成数字量。从理论上讲这种 A/D 转换器的分辨率几乎可以无限增加，只要采样的时间能够满足输出频率分辨率要求的累积脉冲个数的宽度。其优点是分辨率高、功耗低、价格低，但是需要外部计数电路共同完成 A/D 转换。

3.3.3　CCD 采样方式

CCD 传感器获取原始图像光信号经过光电转换后，输出模拟信号。图像采集模块实时接收模拟信号，同时转换成数字图像数据送到传输与控制模块[9]。从 CCD 输出信号特点来看，由于 CCD 输出的像素与像素之间是有间隔的，因此，线阵型 CCD 获取的图像从表面上看虽然是紧密排列的，但实质上都是一些离散的图像，并且线阵型 CCD 图像存在像素间距和扫描行距。即像素点在两个坐标方向上的距离分别表示像素间距和扫描行距。当线阵型 CCD 获取二维图像时，必须配以扫描运动，在此过程中，线阵型 CCD 在电机的驱动下水平前移，按照固定的时间间隔采集一行图像。线阵型 CCD 传感器上有多少个像素，扫描一行的图像就得到相应的像素个数。下面主要介绍型 CCD 输出信号的采样模式以及 A/D 转换器的结构特点。

相关双采样技术在 CCD 信号处理领域中被广泛使用，它可以消除复位噪声和低频噪声。相关双采样是提高 CCD 成像系统信噪比的重要技术。

相关双采样技术的原理是对脉冲信号高电平和低电平分别设定相位进行两点采样，通过电路处理从高电平和低电平的差值中取得幅值信号，适当地选择采样点，可以避开高幅值的噪声和干扰，尤其是固定模式的噪声和与信号频率相关的干扰，从而可以有效地检出微弱信号。相关双采样是 CCD 中很重要的一个概念，它是根据 CCD 输出信号和噪声信号的特点而设计的，其优点是消除复位噪声的干扰，对低频噪声也有抑制作用，可以显著改善信噪比，提高信号检测精度。由于 CCD 每个像素的输出信号中既包含光敏信号，也包含复位脉冲电压信号，若在光电信号的积分开始时刻和积分结束时刻，分别对输出信号采样（在一个信号输出周期内，产生两个采样脉冲，分别采样输出信号的两个电平，即一次是对复位电平进行采样，另一次是对信号电平进行采样），并且把握好两次采样时间间隔，这样两次采样的噪声电压便相差无几，将两次采样值相减，就基本消除了复位噪声的干扰，得到信号电平的实际有效幅值。

■ 3.4 CCD 芯片采集实例

由于 CCD 输出的是一种特殊的离散模拟信号，其中夹杂着各种噪声和干扰，因此为了获取高质量的图像，在进行 A/D 转换前要尽量消除噪声和干扰。在上文中提到对 CCD 图像进行去噪处理最有效的方法是相关双采样法。它能有效地去除 CCD 的噪声，但为了方便 CCD 信号的处理，一些公司推出了专门针对 CCD 信号的专用集成芯片，极大地简化了电路的设计。例如，亚德诺半导体技术有限公司（Analog Devices Inc，ADI）公司生产的 AD9822 芯片，它能将相关双采样、暗电平校正、可编程增益放大等功能以及模数转换集成到芯片内部，完成对 CCD 信号的处理并输出数字信号。在设计完 TCD1209D 的驱动时序后，就要对 CCD 输出的信号进行采集，我们以 AD9822 芯片为例，来介绍典型 CCD 传感器 TCD1209D 的采集案例。

3.4.1 AD9822 的外围电路设计

线阵型 CCD 传感器 TCD1209D 经过外围驱动电路输出的是一个模拟信号，在输出模拟信号进入 AD 芯片之前，由于 CCD 的输出有比较大的直流分量，因此必须要将其去除，故需要在 CCD 的输出信号接一个 0.1μF 的电容进行滤波再接入 AD 芯片的引脚。AD9822 作为一款专门用于图像采集系统的模数转换器 CCD 输出的信号经过交流耦合可以直接接入 AD 芯片的引脚，满足 AD 芯片驱动的电压要求，输出信号接入芯片后，首先要经过钳位电路，跟踪 CCD 的暗像素频率，过滤掉错误的信号，将噪声降低，消除其中的偏差以减小对输出增益的影响。在相关双采样之后，信号被发送到增益放大器。为了更稳定地调节图像信号，采用了数模转换器补偿反馈网络。D/A 转换器和 OFFSET 可以提供 $-350\sim+350\text{mV}$ 的 512 阶跃信号补偿，即 9B 分辨率。通过补偿寄存器配置特定值，其芯片内部结构图如图 3.19 所示。

参照 AD9822 的数据手册，其采用单通道相关双采样（correlated double sampling，CDS），驱动原理如图 3.20 所示。其中 C_2、C_3、C_{10} 为去耦电容，为 0.1μF，用来保证供电电压的稳定性。C_1 为 0.1μF 滤波电容，使 TCD1209D 产生的模拟信号经滤波后输入 AD 芯片，去除输入信号的直流分量。

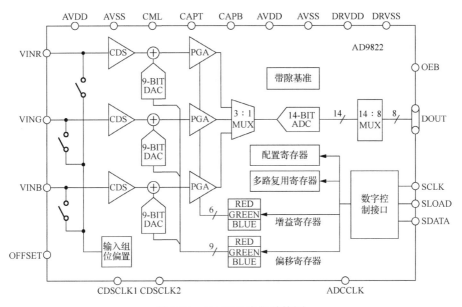

图 3.19　AD9822 内部结构图

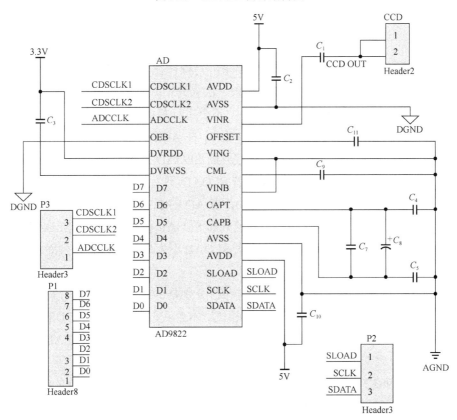

图 3.20　AD9822 驱动原理图

3.4.2　AD9822 的配置和采集设计

要使 AD9822 正常工作，首先需要对 AD9822 串行外设接口（seriel peripheral interface，SPI）进行配置，然后对 AD9822 使用的外部三线接口进行配置。AD9822 内部有 4 个用于设置工作模式的寄存器，分别是配置寄存器、复用器（multiplexer，MUX）寄存器、可编程增益放大器（programmable gain amplifier，PGA）、偏置寄存器（OFFSET）。本系统里选用的是红色单通道 CDS 模式，最大放大与偏置条件下，4 个寄存器选值分别为配置寄存器 0x0058、MUX 寄存器 0x10C0、Red PGA 0x50FF、Red OFFSET 0x2000。其串行配置写操作时序图如图 3.21 所示。

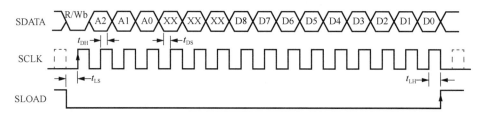

图 3.21　AD9822 串行配置写操作时序图

依据图 3.21 中对 AD9822 的时序要求，写操作在 SLOAD 信号是低电平时进行的，当 SLOAD 为低电平时，SCLK 来一次上升沿，即将 SDATA 中的数据写入 AD9822 的内部。当 SLOAD 为高电平时，不会进行写操作，先对程序进行初始化，然后判断 SLOAD 是否为 0。若 SLOAD 为 0，在 AD 配置寄存器写入 0X0058；若 SLOAD 不为 0，则继续进行判断。继续判断 SLOAD 是否为 0：若 SLOAD 为 0，在 AD 的 MUX 寄存器写入 0X10C0；若 SLOAD 不为 0，则继续进行判断。继续判断 SLOAD 是否为 0：若 SLOAD 为 0，在 AD 的 PGA 寄存器写入 0X50FF，若 SLOAD 不为 0，则继续进行判断。继续判断 SLOAD 是否为 0：若 SLOAD 为 0，在 AD 的 OFFSET 寄存器写入 0X2000；若 SLOAD 不为 0，则继续进行判断。AD9822 的 SPI 配置完成。

AD9822 芯片共有 4 种不同的工作模式，分别是 3 通道 CDS 模式、3 通道 SHA 模式、单通道 CDS 模式和单通道 SHA 模式。本章我们以单通道的 CDS 工作模式为例，在此模式下，线阵型 CCD 传感器 TCD1209D 的输出信号要与 ADCCLK 时钟信号保持一致。AD9822 的采集时序图如图 3.22 所示。

分析 AD9822 的采集时序图可知，ADCCLK 为 AD9822 芯片内部的控制信号，CDSCLK1 采集线阵型 CCD 传感器 TCD1209D 输出信号的高电平点，CDSCLK2 采集线阵型 CCD 传感器 TCD1209D 输出信号的低电平点。通过 Quartus II 软件对三个时序脉冲信号进行设计，使其严格按照相关双采样的时序进行输出。因为AD9822 在工作时要求 ADCCLK 时钟与线阵型 CCD 传感器 TCD1209D 输出信号保持高度一致，故逻辑设计方法就可以参考 TCD1209D 的驱动逻辑设计，CDSCLK1 时钟信号参考 TCD1209D 的钳位脉冲信号 CP，CDSCLK2 时钟信号参考 TCD1209D 的复位脉冲信号 RS，ADCCLK 时钟信号参考 TCD1209D 的CR1，程序设计同 TCD1209D 的思想一样，通过 Quartus II 环境下，编译采集时序程序，联合 Modelsim 进行仿真，AD9822 采集时序总体波形图以及局部放大波形图如图 3.23、图 3.24 所示。

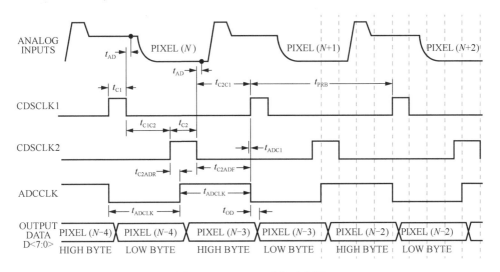

图 3.22　AD9822 采集时序图

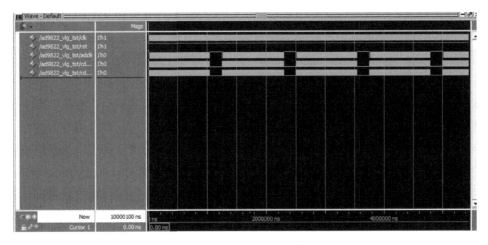

图 3.23　AD9822 采集时序总体波形图

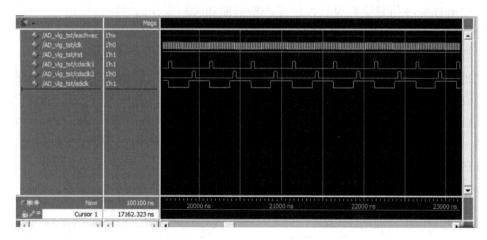

图 3.24   AD9822 采集时序局部放大波形图

由 AD9822 的采集时序仿真图分析结果可知，首先输出 CDSCLK1 的高电平，然后输出 CDSCLK2 的高电平。该时序输出同 CCD 传感器 TCD1209D 的 CP 脉冲和 RS 脉冲的输出时序设计类似，ADCCLK 的低电平输出也在 CDSCLK1 的高电平输出之前，对照 AD9822 的数据手册，可知相关双采样的三个时序脉冲输出是满足要求的。

■ 3.5   虚拟仪器技术

虚拟仪器（virtual instrument，VI）是在计算机基础上通过增加相关硬件和软件构建而成的、具有可视化界面的仪器[10]。虚拟仪器具有可开发性和可扩展性。它的出现打破了只能由生产厂家定义仪器功能，用户无法改变的局面。虚拟仪器由美国国家仪器（National Instruments，NI）公司于 1986 年提出，是指在通用计算机上添加软件和一些硬件模块构成一套根据个人需求来获取数据、分析数据和输出可视化数据的计算机仪器系统[11]。它利用个人计算机的显示功能模拟真实仪器的控制面板，以多种形式表达输出检测结果，利用软件功能实现信号的运算、分析、处理，由 I/O 接口设备（卡）完成信号的采集、测量与调理，从而完成各种测试功能。虚拟仪器的实质是将传统硬件和最新计算机软件技术充分结合起来，以实现并扩展传统仪器的功能。虚拟仪器实际上是一个可以按照用户需求构建的数据采集系统，如图 3.25 所示。

图 3.25　虚拟仪器数据采集系统架构

3.5.1　虚拟仪器软件介绍

虚拟仪器在相同的硬件平台下，通过不同软件可以模拟出功能完全不同的各种仪器。LabVIEW 是实验室虚拟仪器集成环境简称，是美国 NI 公司开发的软件平台，将计算机的数据分析、显示能力和仪器驱动融合在一起，为用户设计虚拟仪器提供了软件工具和开发环境[12]。

LabVIEW 使用图形化编程语言——G 语言（graphical language），采用流程图形式开发应用程序，其自带的函数库可用于数据采集、串行设备的控制、数据分析和显示等，集成了 RS-232、RS-485、VXI 协议的硬件及采集卡的全部功能，自带匹配 TCP/IP、ActiveX 等软件标准的库函数。其编写的程序称为虚拟仪器程序VI，后缀为 VI。

VI 包括三个部分：程序前面板、框图程序、图标和连接器。程序前面板是图形用户界面，用于显示控制端子和显示端子，便于在程序运行过程中操作和观测。框图程序的作用是从程序前面板上的输入控件获得信息，然后进行计算、处理，最后在输出控件中显示结果。图标和连接器用以识别 VI 的接口，以便在创建 VI 时调用另一个 VI。除此之外，还有函数、子 VI、常量、结构和连线等。

3.5.2　数据采集卡

一个典型的数据采集卡的功能有模拟输入、模拟输出、数字 I/O、计数器/定时器操作等，这些功能分别由相应的电路模块来实现[13]。

模拟输入是数据采集卡最基本、最常用的功能[14]。它一般通过模拟多路开关、仪器放大器、采样/保持（S/H）电路以及模数转换器来实现，通过这部分电路，一个模拟信号就可以转化为数字信号。模数转换器的性能和参数直接影响模拟输入的质量，要根据实际需要的精度来选择合适的模数转换器。

模拟输出通常是为采集系统提供激励。输出信号受数模转换器的建立时间、转换率、分辨率等因素影响。建立时间和转换率决定了输出信号幅值改变的快慢，建立时间短、转换率高的数模转换器可以提供较高频率的信号。如果用数模转换器的输出信号去驱动一个加热器，不需要使用速度很快的数模转换器，加热器本身不能快速地跟踪电压变化，应该根据实际需要选择数模转换器的参数指标。

数字 I/O 处理的是二值信号，如开/关、通/断、有/无等信号，通常用于获取/设置数据采集系统外设的状态，还可以利用数字 I/O 与外设进行通信[15,16]。数字 I/O 通道多数采用晶体管-晶体管逻辑门电路（transistor-transistor logic，TTL）电平标准，即逻辑输入低电平的电压范围为 0~0.8V，逻辑输入高电平的电压范围为 2~5V；逻辑输出低电平的电压范围为 0~0.4V，逻辑输出高电平的电压范围为 4.35~5V。

在数据采集等诸多应用领域中，经常用到定时功能，以实现定时数据采集、定时/延时控制，或要求产生一定宽度的脉冲信号，以驱动步进电机一类的执行元器件。也经常要求有一些外部计数器，以实现对外部事件的计数，例如，转速的测量和频率的测量等。

下面简要介绍 NI 公司推出的一款典型的多功能数据采集卡。

PCI-6115 是 NI 公司的多功能数据采集卡，其主要性能参数如下。

（1）模拟输入：8 路单端/4 路双端，输入范围±11V。

（2）分辨率：12 位。

（3）采样率：最高每秒可以采样 10^7 个采样点。

（4）模拟输出：2 路，输出范围±10V。

（5）数字 I/O：8 路。

（6）计数器：2 路 24 位。

PCI-6115 数据采集卡的内部结构框图，如图 3.26 所示。被测信号由信号调理电路输出后，接至数据采集卡的 I/O 连接器，数据采集卡内部的功能模块对其进行相应的处理之后，最终传送至计算机的 PCI 总线[17]。同时，计算机通过 PCI 总线向数据采集卡内部传送数据信号和各种控制信号，这些数据信号和控制指令经过数据采集卡内部相应的功能模块进行响应、处理之后，被送往数据采集卡的 I/O 连接器。

NI-DAQ 和 NI-DAQmx 是 NI 公司的驱动软件，通过驱动软件提供的各种 DAQ 函数节点，用户可以方便地访问硬件。

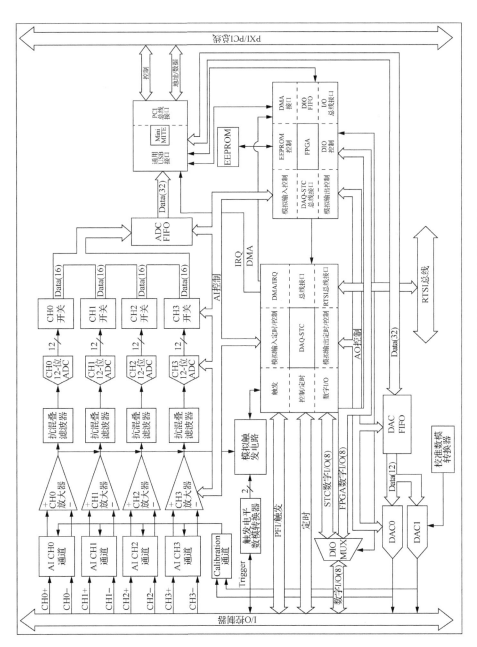

图 3.26　PCI-6115 数据采集卡的内部结构框图

3.5.3　线阵型 CCD 数据采集

使用 PCI-6115 数据采集卡对信号进行采集处理，要求 CCD 控制驱动电路的时钟和数据采集卡的采样时钟能够同步，同时数据采集卡必须使用外部数字触发采集的工作方式，设计控制采集卡触发信号，使用 AD_CLK 信号取代 PCI-6115 的内部时钟源。

硬件由 BNC-2110 接线盒、同轴电缆、PCI-6115 数据采集卡及 PC 机组成。硬件配置如图 3.27 所示。视频输出信号、数据采集卡的预触发信号与 A/D 时钟信号均通过接线盒由同轴电缆接到数据采集卡。CCD 两路输出信号通过同轴电缆分别接入接线盒的 ACH0 端和 ACH1 端，则系统运行时电压输入通道为"ai0, ai1"，接线端配置为伪差分。触发信号 CF 正端接 PFI0/TRIG0，地接 DGND，触发边沿选 rising，触发通道输入 PFI0。A/D 时钟信号 AD_CLK 正端接 PFI7/STAR-TSCAN，地接 DGND，则系统运行时采样时钟源类型选 I/O Connector 中的 PFI7 通道。

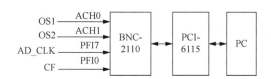

图 3.27　A/D 数据采集硬件配置示意图

采用 LabVIEW 设计上位机程序实现控制采集卡、数据处理等功能，上位机程序设计流程见图 3.28。

使用 NI-DAQmx 驱动程序和配置实用程序控制采集卡完成 CCD 数据的采集。首先读取包括物理通道、采样时钟、数据管理记录和触发条件等的配置。配置好后，循环检测等待触发信号 CF 高电平的到来，检测到触发后，开始采集物理通道的 CCD 模拟信号，再经过低通滤波滤除部分噪声，得到较好的电压信号。对得到的数据可通过波形图显示，也可以通过编写算法进行一系列的处理，例如电压值转灰度值进行显示，或是编写边缘检测算法实现一些测量等。

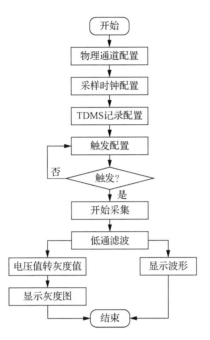

图 3.28　上位机程序设计流程图

程序前面板及部分程序框图如图 3.29 所示。

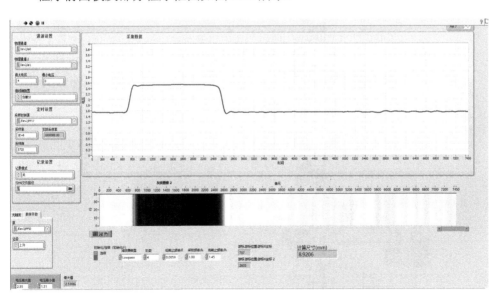

（a）程序前面板

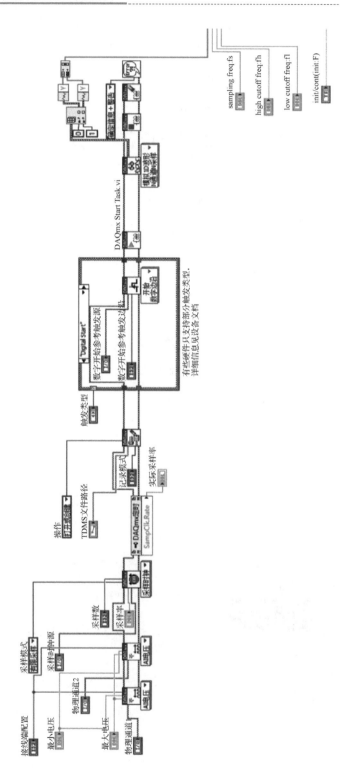

（b）部分程序框图

图 3.29　程序前面板及部分程序框图

　　低通滤波滤除部分噪声，得到较好的电压信号。对得到的数据可通过波形图显示，因为前文设计的 AD_CLK 时序和输出像素所匹配，所以此程序每执行一次只会采集奇、偶两行 3725 个有效像素的数据，采集的数据通过交叉一维数组合并得到完整的一行信息。面板中曲线凸起处为量块在感光面上的平行投影，边缘处上升沿和下降沿处清晰，曲线无明显毛刺、噪声。图中下部分为实时图像显示，黑色区域为量块的投影，边缘特征同样分明。在整个移动过程中系统能够实时显示对应的图像画面及波形，测试结果表明驱动硬件电路、数据采集都能正常稳定工作，系统运行良好，能够准确地采集 CCD 数据。

■ 习题

　　3.1　CCD 典型驱动脉冲包括哪些并简述各自功能。

　　3.2　IC 驱动法有何特点？

　　3.3　DSP 驱动法有何优势？

　　3.4　单片机驱动法与 FPGA/CPLD 驱动法有何共同点？

　　3.5　TCD1209D 的工作周期分为哪两个阶段？

　　3.6　简述 74HC04 反相器的作用与原理。

　　3.7　对比 TCD1209D 与 TCD1708D 的相同点与不同点。

　　3.8　数据采集的基础流程是什么？

　　3.9　简述 A/D 转换器包含哪些类型以及各自的特点。

　　3.10　CCD 的采样方式有哪些？

参 考 文 献

[1] 章琦, 陈惠明, 毛玉兵, 等. 线阵 CCD 驱动时序及信号采集系统的设计[J]. 仪表技术与传感器, 2010(2): 75-77.

[2] 屈少华, 陈阳, 程永进. 基于单片机的线阵 CCD 驱动及采集系统的设计[J]. 电子技术, 2012, 39(4): 42-44.

[3] 于克生, 别少伟. 无线温湿度采集系统的 Linux 驱动程序设计[J]. 电子测量技术, 2012, 35(12): 71-74.

[4] 焦文喆, 翟正军, 任岚昆. 基于 FPGA 的图像数据采集卡及其驱动设计[J]. 国外电子测量技术, 2010, 29(3): 56-59.

[5] 田又源, 程瑶, 贾宁, 等. 高速线阵 CCD 驱动与数据采集系统设计[J]. 仪表技术与传感器, 2022(3): 84-87.

[6] 安军, 唐东炜, 王宇华. 基于 LabVIEW 事件驱动的数据采集[J]. 仪表技术与传感器, 2007(11): 27-28, 39.

[7] 曾锋, 易茂祥. 图像采集系统的线性 CCD 驱动电路设计[J]. 合肥工业大学学报(自然科学版), 2009, 32(1): 120-123.

[8] 王帅. CCD 器件的特性评价及其驱动和数据采集电路设计[D]. 杭州: 浙江大学, 2006.

[9] 甄冒发, 方小红, 李秀娟. 高速 CCD 数据采集系统的驱动电路设计[J]. 安徽大学学报(自然科学版), 2007, 31(4): 33-35.

[10] 隋红林, 王华. LabVIEW 下普通数据采集卡的驱动与调用[J]. 微计算机信息, 2009, 25(4): 100-102.

[11] 武剑, 李巴津. 基于 LabVIEW 的普通数据采集卡驱动研究[J]. 现代电子技术, 2009, 32(12): 149-151.

[12] 李伯全, 潘海彬, 罗开玉. LabVIEW 平台下基于 DLL 的普通数据采集卡的驱动[J]. 仪表技术, 2004(2): 11-12, 24.

[13] 戴新. 数据采集卡在 LabVIEW 中的驱动方法[J]. 计算机应用与软件, 2008, 25(3): 156-158, 161.

[14] 郑秀玉, 李晓明, 李畅, 等. 基于 PCI 总线的数据采集卡驱动程序设计与实现[J]. 电气应用, 2007, 26(1): 93-97, 107.

[15] 朱立军, 张元培, 都俊超, 等. 在 LabVIEW 中编写数据采集卡驱动程序不同方法的比较[J]. 北京工商大学学报(自然科学版), 2003, 21(2): 46-49.

[16] 熊焕庭. 在 LabVIEW 中数据采集卡的三种驱动方法[J]. 电测与仪表, 2001, 38(8): 35-37.

[17] 李威宣, 黄建新. 基于 LabVIEW 平台的通用数据采集卡的驱动方法及数据采集[J]. 电子质量, 2005(7): 13-16.

第 4 章

数字图像处理

■ 4.1　图像运算

图像的点运算是图像处理中的基础技术，它主要用于改变一幅图像的灰度分布范围。点运算通过变换函数将图像的像素一一转换，最终构成一幅新的图像。由于操作对象是图像的单个像素值，故得名为点运算。点运算最大的特点是输出像素值只与当前输入像素值有关。其处理过程可以表示为

$$g(x,y) = T\big[f(x,y)\big] \tag{4.1}$$

式中，$f(x,y)$ 表示输入图像；$g(x,y)$ 表示输出图像；函数 T 是对 f 的一个变换操作，在这里它表示灰度变换公式。从式（4.1）可以看出，对于点运算而言，最重要的是灰度变换公式。

4.1.1　算术运算

图像的算术运算有很多种，比如相加、相减、相乘、相除、位运算、求平方根、取对数、取绝对值等；图像也可以放大、缩小、旋转，还可以截取其中的一部分作为感兴趣区域（region of interest，ROI）进行操作，还可以分别提取各个颜色，并对各个颜色通道进行各种运算操作[1]。总之，对图像可以进行的算术运算非常多。这里先介绍图像间的数学运算、图像混合和按位运算。

1. 加法

加运算就是将两幅图像对应像素的灰度值或彩色分量进行相加[2]。加运算主要有两种用途：一种是消除图像的随机噪声，对同一场景的图像进行相加后再取平均；另一种是用来做特效，把多幅图像叠加在一起，再进一步进行处理。

若 $A(x,y)$ 和 $B(x,y)$ 为输入图像，则两幅图像的加法运算式定义为

$$C(x,y) = A(x,y) + B(x,y) \tag{4.2}$$

式中，$C(x,y)$ 为输出图像，是 $A(x,y)$ 和 $B(x,y)$ 两幅图像内容叠加的结果。

对于灰度图像，因为只有单通道，所以直接进行相应位置的像素加法即可；对于彩色图像，则应该将对应的颜色分量分别进行相加。通常来讲，两幅或多幅相加图像的大小和尺寸应该相同，如图 4.1 所示。其中，K 表示图像叠加平均的个数。

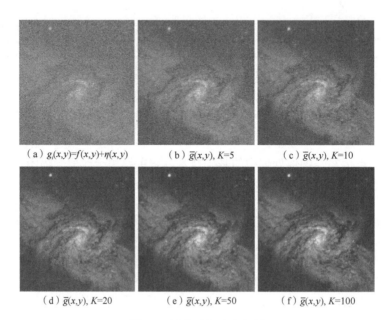

（a）$g_i(x,y)=f(x,y)+\eta(x,y)$　　（b）$\bar{g}(x,y)$, $K=5$　　（c）$\bar{g}(x,y)$, $K=10$

（d）$\bar{g}(x,y)$, $K=20$　　（e）$\bar{g}(x,y)$, $K=50$　　（f）$\bar{g}(x,y)$, $K=100$

图 4.1　消除随机噪声实例

随着图像平均数的增加，图像噪声去除效果变得更好，目标信息对比度更高。图 4.2 为图像叠加效果实例。

图 4.2　图像叠加效果实例

2. 减法

两图像 $A(x, y)$ 和 $B(x, y)$ 相减运算产生的图像 $C(x, y)$ 定义为

$$C(x, y) = A(x, y) - B(x, y) + b \tag{4.3}$$

式中，b 的选取应使 $C(x, y) \geqslant 0$。

图像的减运算又称为减影技术，是指对同一景物在不同时间拍摄的图像或同一景物在不同波段的图像进行相减。差值图像提供了图像间的差异信息，能用以指导动态监测、运动目标检测和跟踪、图像背景消除及目标识别等工作[3]。减法运算就是两幅图像将对应像素的灰度值或彩色分量进行相减，它可以用于目标检测，图 4.3 为图像减法效果实例。

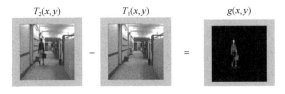

图 4.3　图像减法效果实例

减运算的用途为去除不需要的叠加性图案，检测两幅图像之间的差别，计算物体边界的梯度（差分运算），去除不需要的叠加性图案等。

如图 4.3 所示，设时间 1 的图像为 $T_1(x, y)$，时间 2 的图像为 $T_2(x, y)$，通过减法运算即可检测变化的目标：

$$g(x, y) = T_2(x, y) - T_1(x, y) \tag{4.4}$$

3. 乘法

两图像 $A(x, y)$ 和 $B(x, y)$ 相乘运算产生的图像 $C(x, y)$ 定义为

$$C(x, y) = A(x, y) \times B(x, y) \tag{4.5}$$

图像的乘法运算就是将两幅图像对应的灰度值或彩色分量进行相乘。乘运算可用来遮掉图像的某些部分[4]。例如，使用一掩模图像（对需要被完整保留下来的区域，掩模图像上的值为 1，而对被抑制掉的区域值为 0）与图像相乘，可抹去图像的某些部分，即使该部分值为 0。用二值模板图像与原图像做乘法，主要应用于图像的局部显示。

实例效果如图 4.4 所示，其中模板图像 $h(x, y)$ 的感兴趣区域为 1（白色部分），其他区域为 0（黑色部分）。通过与模板相乘，可以提取感兴趣目标区域。

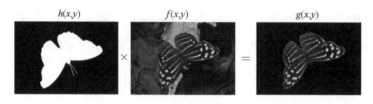

图 4.4　图像乘法效果实例

4. 除法

两图像 $A(x, y)$ 和 $B(x, y)$ 相除运算产生的图像 $C(x, y)$ 定义为

$$C(x, y) = \frac{A(x, y)}{B(x, y)} \qquad (4.6)$$

图像的相除又称比值处理，是遥感图像处理中常用的方法。图像除运算就是将两幅图像对应像素的灰度值或彩色分量进行相除。简单的除运算可以用于改变图像的灰度级。两幅图像的相除可以看成用一幅取反的图像与另一幅图像相乘。除运算主要应用于遥感图像处理中，对多光谱图像而言，各波段图像的照射分量几乎相同，对它们做比值处理，就能把它们去掉；而对反映地物细节的反射分量，经比值后能把差异扩大，有利于地物的识别。

4.1.2 逻辑运算

1. 与运算

图像的与运算就是将两幅二值图像的对应像素进行逻辑与操作，如果处理的图像不是二值图像，那么要先进行二值化处理[5]。与运算可以用来求得两幅尺寸相同的图像的相交区域。

与运算的定义公式为

$$g(x, y) = f(x, y) \bigcap h(x, y) \qquad (4.7)$$

如图 4.5 所示为与运算的应用举例，通过两幅图像相与，得到两幅图像目标相同的区域，获得两个子图像的相交子图。

图 4.5　图像与运算效果展示

2. 或运算

或运算和与运算操作方法类似，只是将两幅图像的对应像素进行或运算即可。同样的，如果处理的图像不是二值图像，则应该先对图像进行二值化。

或运算的定义公式为

$$g(x,y) = f(x,y) \bigcup h(x,y) \tag{4.8}$$

图 4.6 为或运算的应用举例，通过两幅图像相或，得到合并子图像。

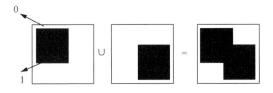

图 4.6　图像或运算效果展示

3. 异或运算

异或运算的实质是相同为假、相异为真，应用在图像的异或方面也是如此。

异或运算的定义公式为

$$g(x,y) = f(x,y) \oplus h(x,y) \tag{4.9}$$

图 4.7 为异或运算的应用举例，通过两幅图像相异或，获得相交子图像，去除相同的部分。

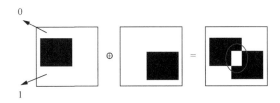

图 4.7　图像异或运算效果展示

■ 4.2　图像的几何变换

数字图像的几何变换也称为图像的空间变换，即图像中点与点之间的空间映射关系。图像的几何变换包含了图像的位置变换和图像的形状变换。图像的位置变换包括了图像的平移、图像的镜像、图像的旋转等处理[6]。图像的形状变换包括了图像的缩小、图像的放大等处理。图像的几何变换是图像变形的基础，被广泛应用于视觉图像处理的各个方面[7]。

4.2.1 图像的平移

平移变换是几何变换中最简单的一种变换，就是将图像中的像素点按照要求的量进行垂直、水平移动。一般而言，图像的平移变换，只是改变了原有景物在画面上的位置，而图像的内容不发生变化。

假设初始坐标为(x_0, y_0)的点经过平移（以向右、向下为正方向）后坐标变为(x_1, y_1)，如图 4.8 所示。于是这两点坐标之间的关系满足：

$$\begin{cases} x_1 = x_0 + t_x \\ y_1 = y_0 + t_y \end{cases} \tag{4.10}$$

以矩阵的形式表示为

$$\begin{bmatrix} x_1 & y_1 & 1 \end{bmatrix} = \begin{bmatrix} x_0 & y_0 & 1 \end{bmatrix} \begin{bmatrix} 1 & 0 & 0 \\ 0 & 1 & 0 \\ t_x & t_y & 1 \end{bmatrix} \tag{4.11}$$

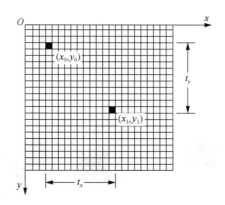

图 4.8 图像平移像素原理

例如，式（4.12）三个矩阵描述了三幅图像：

$$F = \begin{bmatrix} f_{11} & f_{12} & f_{13} \\ f_{21} & f_{22} & f_{23} \\ f_{31} & f_{32} & f_{33} \end{bmatrix}$$

$$G_1 = \begin{bmatrix} 0 & 0 & 0 \\ 0 & f_{11} & f_{12} \\ 0 & f_{21} & f_{22} \end{bmatrix}$$

$$G_2 = \begin{bmatrix} 0 & 0 & 0 & 0 \\ 0 & f_{11} & f_{12} & f_{13} \\ 0 & f_{21} & f_{22} & f_{23} \\ 0 & f_{31} & f_{32} & f_{33} \end{bmatrix} \qquad (4.12)$$

式中，F 为原图像矩阵；G_1 为移动后（向右向下）的图像矩阵，该图像不放大，移出部分被截断；G_2 为移动后（向右向下）的图像矩阵，该图像放大，移出部分未被截断。

G_1 移动后的图（不放大，移出部分被截断），这种处理文件大小不会改变，但存在信息丢失的问题。为解决这一问题，通常采用的做法是：首先根据处理后图像信息不丢失的原则，将存放处理后图像的矩阵扩大，这种处理又称为画布扩大；其次将图像放大，使得能够显示出所有部分，经过这种处理后，文件大小会发生改变，设原图的宽和高分别是 w_1 和 h_1，则新图的宽和高变为 $w_1 + |t_x|$ 和 $h_1 + |t_y|$，加绝对值符号是因为 t_x 和 t_y 有可能为负。

图 4.9 为图像平移变换实例图。

（a）原图　　　　　　　　　（b）平移并截断图像　　　　　　　　（c）平移未截断图像

图 4.9　图像平移变换实例图

4.2.2　图像的平移编程实例

图像平移的基本原理已在上述章节中做了详细介绍，图像平移就是将图像中所有的点都按照指定的平移量水平、垂直移动。设 (x_0, y_0) 为原图像上的一点，图像水平平移量为 t_x，垂直平移量为 t_y，平移后的坐标为 (x_1, y_1) 用矩阵表示如式（4.11）。对该矩阵求逆，可以得到逆变换，由此可知新图像中各个像素点位置与原图像像素点位置间的关系如下：

$$\begin{bmatrix} x_0 \\ y_0 \\ 1 \end{bmatrix} = \begin{bmatrix} 1 & 0 & -t_x \\ 0 & 1 & -t_y \\ 0 & 0 & 1 \end{bmatrix} \begin{bmatrix} x_1 \\ y_1 \\ 1 \end{bmatrix} \qquad (4.13)$$

这样，平移后图像上的每一点都可以在原图像中找到对应的点。例如，对于新图中的像素 $(0,0)$，对应原图中的像素 $(-t_x, -t_y)$。如果 t_x 或 t_y 大于 0，则 (t_x, t_y)

不在原图中。对于不在原图中的点，可以将它的像素值设置为 0 或者 255（对于灰度图就是黑色或白色）。若有点不在新图中，说明原图中有点被移出显示区域。如果不想丢失被移出的部分图像，可以将新生成的图像宽度扩大 t_x，高度扩大 t_y。

依据此思路，使用 LabVIEW 对其进行编程，其程序框图如图 4.10 所示，控制前面板如图 4.11 所示。LabVIEW 提供了许多高级的控件，但这对于初学者理解图像处理概念帮助甚少，所以在程序设计时尽量避免了使用一些高级的函数控件，而是使用基础的控件例如"数组"对图像进行处理，以便更好地展示处理过程中内部数据的流向。

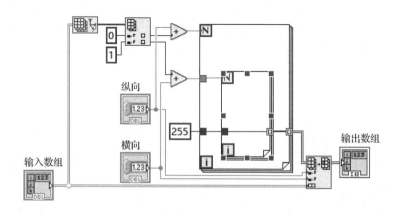

图 4.10　图像平移程序框图

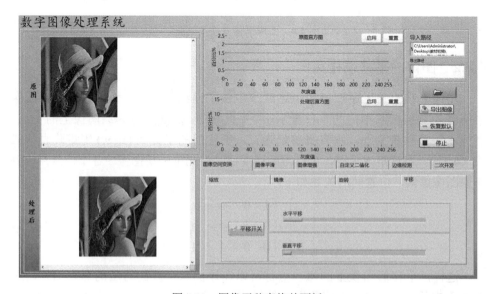

图 4.11　图像平移变换前面板

通过系统前面板操作完成输入控件设置。点击"平移"按钮,即可跳转到平移图像处理的控制界面。在界面上开启"平移开关",拉动"水平平移""垂直平移"控制条,完成水平平移、垂直平移相关平移量的设置,即可实现图像任意位置的平移变换。

4.2.3 图像的镜像

图像的镜像变换分为水平镜像和垂直镜像两种。水平镜像操作是以图像的垂直中轴线为中心交换图像的左右两个部分;而垂直镜像是以图像的水平中轴线为中心交换图像的上下两个部分。图 4.12、图 4.13 和图 4.14 分别为图像的原图像、水平镜像与垂直镜像。

图 4.12 原图像

图 4.13 水平镜像

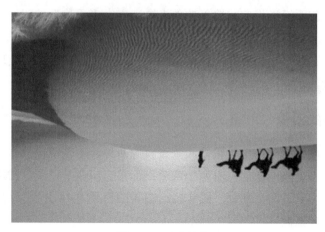

图 4.14 垂直镜像

镜像的变换处理可以用图像矩阵来描述[8]，即

$$F=\begin{bmatrix} f_{11} & f_{12} & f_{13} \\ f_{21} & f_{22} & f_{23} \\ f_{31} & f_{32} & f_{33} \end{bmatrix} \quad M_1=\begin{bmatrix} f_{13} & f_{12} & f_{11} \\ f_{23} & f_{22} & f_{21} \\ f_{33} & f_{32} & f_{31} \end{bmatrix} \quad M_2=\begin{bmatrix} f_{31} & f_{32} & f_{33} \\ f_{21} & f_{22} & f_{23} \\ f_{11} & f_{12} & f_{13} \end{bmatrix} \quad (4.14)$$

式中，F 为原图像矩阵；M_1 为水平镜像矩阵；M_2 为垂直镜像矩阵。

假设原图宽为 w，高为 h，变换后，图的宽和高不变。水平镜像的变换矩阵为

$$\begin{bmatrix} x_0 & y_0 & 1 \end{bmatrix}=\begin{bmatrix} x_1 & y_1 & 1 \end{bmatrix}\begin{bmatrix} -1 & 0 & 0 \\ 0 & 1 & 0 \\ w & 0 & 1 \end{bmatrix} \quad (4.15)$$

垂直镜像的变换矩阵为

$$\begin{bmatrix} x_0 & y_0 & 1 \end{bmatrix}=\begin{bmatrix} x_1 & y_1 & 1 \end{bmatrix}\begin{bmatrix} 1 & 0 & 0 \\ 0 & -1 & 0 \\ 0 & h & 1 \end{bmatrix} \quad (4.16)$$

4.2.4 图像的镜像编程实例

设图像的大小为 $M \times N$，图像镜像的计算公式如式（4.17）、式（4.18）所示。
水平镜像：

$$\begin{cases} i'=i \\ j'=N-j+1 \end{cases} \quad (4.17)$$

垂直镜像：

$$\begin{cases} i' = M - i + 1 \\ j' = j \end{cases} \tag{4.18}$$

式中，(i, j) 是原图像 $F(i, j)$ 中的像素点坐标；(i', j') 是对应像素点 (i, j) 镜像变换后图像 $G(i', j')$ 中的坐标。

下面从一个简单的例子来体会图像的镜像处理。设原图为

$$F = \begin{bmatrix} f_{11} & f_{12} & f_{13} \\ f_{21} & f_{22} & f_{23} \\ f_{31} & f_{32} & f_{33} \end{bmatrix} \tag{4.19}$$

若要进行垂直镜像，则将原来的行排列 $i = 1, 2, 3$ 转换为 $i' = M - i + 1 = 3, 2, 1$，列的排列顺序不变，即可得到垂直镜像图像为

$$G = \begin{bmatrix} f_{31} & f_{32} & f_{33} \\ f_{21} & f_{22} & f_{23} \\ f_{11} & f_{12} & f_{13} \end{bmatrix} \tag{4.20}$$

若要进行水平镜像，则将原来的列排列 $j = 1, 2, 3$ 转换成 $j' = N - j + 1 = 3, 2, 1$，行的排列顺序不变，即可得到水平镜像图像为

$$G = \begin{bmatrix} f_{33} & f_{32} & f_{31} \\ f_{23} & f_{22} & f_{21} \\ f_{13} & f_{12} & f_{11} \end{bmatrix} \tag{4.21}$$

使用 LabVIEW 进行图像的镜像编程，其程序框图如图 4.15 所示，程序前面板如图 4.16、图 4.17 所示。通过设置输入控件，完成垂直镜像、水平镜像的选择设置，即可实现图像垂直镜像、水平镜像的处理。

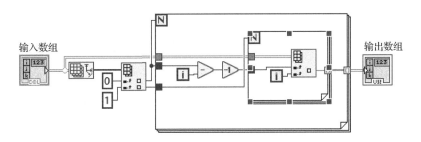

图 4.15　图像镜像程序框图

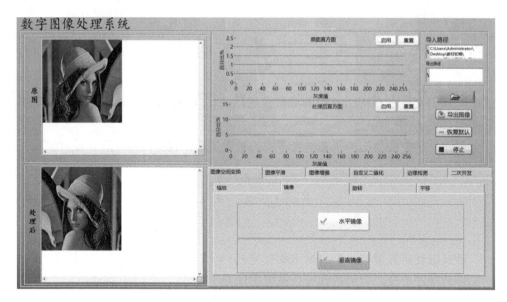

图 4.16　图像垂直镜像前面板

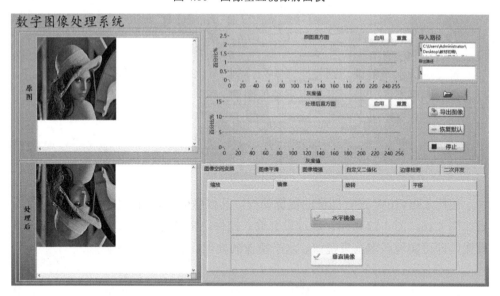

图 4.17　图像水平镜像前面板

4.2.5　图像的旋转

1. 直角坐标系中的图像旋转

旋转（rotation）存在绕着哪一点转的问题，通常的做法是以图像的中心为原点进行旋转。图 4.18 为一个图像旋转效果实例。

（a）旋转前的图像

（b）旋转后的图像

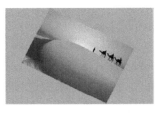
（c）旋转后保持原图大小

图 4.18 图像旋转效果实例

这里不考虑裁剪问题，假设欲将直角坐标系中的点 (x_0, y_0) 顺时针旋转 α 角后至 (x_1, y_1)。如图 4.19 所示，r 为该点到原点的距离，在旋转过程中，r 保持不变；β 为 (x_0, y_0) 和原点的连线与 x 轴之间的夹角。

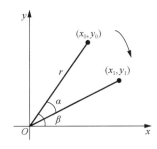

图 4.19 旋转直角坐标系

旋转前图像的原始坐标可以表示为

$$\begin{cases} x_0 = r\cos\beta \\ y_0 = r\sin\beta \end{cases} \tag{4.22}$$

旋转 α 角后，图像的新坐标可以表示为

$$\begin{cases} x_1 = r\cos(\beta - \alpha) = x_0\cos\alpha + y_0\sin\alpha \\ y_1 = r\sin(\beta - \alpha) = -x_0\sin\alpha + y_0\cos\alpha \end{cases} \tag{4.23}$$

旋转前后的坐标，也可以用矩阵的形式来表示：

$$\begin{bmatrix} x_1 & y_1 & 1 \end{bmatrix} = \begin{bmatrix} x_0 & y_0 & 1 \end{bmatrix} \begin{bmatrix} \cos\alpha & -\sin\alpha & 0 \\ \sin\alpha & \cos\alpha & 0 \\ 0 & 0 & 1 \end{bmatrix} \tag{4.24}$$

式中，(x_0, y_0) 为原始图像像素点的坐标；(x_1, y_1) 为旋转后图像像素点的坐标。

2. 极坐标变换方法

极坐标变换方法是指将原图像像素点的坐标在极坐标系中表示并进行旋转变换的方法。这样，就可以将直角坐标系中的旋转变换转换成极坐标系中的平移变换[9]。在极坐标系中进行平移之后，再进行极坐标逆变换就可以得到旋转图像。采用极坐标变换来处理图像，把角度旋转问题简单化。需要解决的即是直角坐标系与极坐标系之间的变换问题。

直角坐标系到极坐标系的正、逆变换公式如下。

正变换：

$$\begin{cases} \rho = \sqrt{x^2 + y^2} \\ \theta = \arctan\left(\dfrac{y}{x}\right) \end{cases} \tag{4.25}$$

逆变换：

$$\begin{cases} x = \rho\cos\theta \\ y = \rho\sin\theta \end{cases} \tag{4.26}$$

设原图的矩阵形式为式（4.27），其行、列坐标分别为式（4.28）。若要将该图像进行 30° 的旋转，求旋转后图像各点的坐标值。

$$F = \begin{bmatrix} f_{11} & f_{12} & f_{13} \\ f_{21} & f_{22} & f_{23} \\ f_{31} & f_{32} & f_{33} \end{bmatrix} \tag{4.27}$$

$$x = \begin{bmatrix} 1 & 1 & 1 \\ 2 & 2 & 2 \\ 3 & 3 & 3 \end{bmatrix} \qquad y = \begin{bmatrix} 1 & 1 & 1 \\ 2 & 2 & 2 \\ 3 & 3 & 3 \end{bmatrix} \tag{4.28}$$

按式（4.25）进行极坐标变换后得到原图的极坐标表达式为

$$\rho = \begin{bmatrix} 1.4 & 2.2 & 3.2 \\ 2.2 & 2.8 & 3.6 \\ 3.2 & 3.6 & 4.2 \end{bmatrix} \qquad \theta = \begin{bmatrix} 45° & 63° & 72° \\ 27° & 45° & 56° \\ 18° & 34° & 45° \end{bmatrix} \tag{4.29}$$

旋转 30° 时，相当于 $\theta' = \theta + 30°$，$\rho' = \rho$，即极坐标旋转后为

$$\rho = \begin{bmatrix} 0 & 0 & -1 \\ 1 & 1 & 0 \\ 2 & 2 & 1 \end{bmatrix} \qquad \theta = \begin{bmatrix} 75° & 93° & 102° \\ 57° & 75° & 86° \\ 48° & 64° & 75° \end{bmatrix} \tag{4.30}$$

由式（4.26）得旋转后的直角坐标值，即

$$x' = \begin{bmatrix} 0 & 0 & -1 \\ 1 & 1 & 0 \\ 2 & 2 & 1 \end{bmatrix} \qquad y' = \begin{bmatrix} 1 & 2 & 3 \\ 2 & 3 & 4 \\ 2 & 3 & 4 \end{bmatrix} \qquad (4.31)$$

特别在图像配准过程中，需要多次旋转图像来判断图像是否配准，采用极坐标法来处理图像，使用非常方便。

3. 反变换法

反变换法就是从新图像的像素坐标反过来求对应的原图像像素点的坐标。式（4.32）中，(x_0, y_0) 为原始图像像素点的坐标，(x_1, y_1) 为旋转后图像像素点的坐标。

$$\begin{bmatrix} x_0 & y_0 & 1 \end{bmatrix} = \begin{bmatrix} x_1 & y_1 & 1 \end{bmatrix} \begin{bmatrix} \cos\alpha & \sin\alpha & 0 \\ -\sin\alpha & \cos\alpha & 0 \\ 0 & 0 & 1 \end{bmatrix} \qquad (4.32)$$

需要注意的是，在反变换法中需要考虑画布的边长问题，以保证图像在旋转后不丢失信息。

4.2.6 图像的旋转编程实例

4.2.5 节中提到一般图像的旋转是以图像的中心为原点，旋转一定的角度。旋转后，图像的大小一般会改变。和图像平移一样，既可以把转出显示区域的图像截去，也可以扩大显示范围，从而显示所有的图像。使用 LabVIEW 对其编程，程序框图如图 4.20 所示，程序前面板如图 4.21 所示。

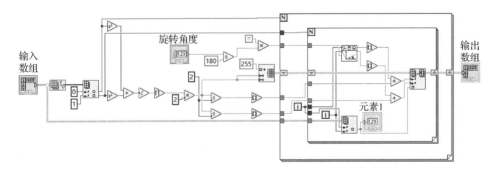

图 4.20 图像旋转程序框图

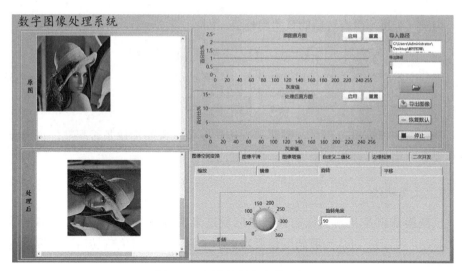

图 4.21   图像旋转程序前面板

通过设置旋转输入控件，设置旋转的角度值，图像即可完成任意角度的选择处理。

4.2.7   图像的缩小

图像的缩小从物理意义上来说，是将描述图像每个像素的物理尺寸缩小相应的倍数。但如果像素的物理尺寸不允许改变，从数码技术的角度来看，图像的缩小实际上就是通过减少像素个数来实现的。

既然图像的缩小是通过减少像素个数来实现的，那么就需要根据所期望缩小的尺寸数据，从原图像中选择合适的像素点，使图像缩小之后可以尽量保持原有图像的概貌特征不丢失。

图像的缩小分为按比例缩小和不按比例缩小两种。按比例缩小就是将图像的长和宽按照同样的比例缩小。不按比例缩小则是指当图像缩小时，长和宽的缩小比例不同。如图 4.22 为一个图像缩小的实例，其中，图 4.22（a）为原始图像；图 4.22（b）为按比例缩小后的图像，长和宽缩小倍数一致；图 4.22（c）为不按比例缩小后的图像，长和宽缩小倍数不一致。

（a）原图   （b）按比例缩小   （c）不按比例缩小

图 4.22   图像缩小效果实例

1. 基于等间隔采样的图像缩小方法

这种图像缩小方法的设计思想是，通过对画面像素的均匀采样来保证所选择的像素仍旧可以保持图像的概貌特征。该方法的具体实现步骤如下。

（1）计算采样间隔。

设原图大小为 $M \times N$，将其缩小为 $M \cdot k_1 \times N \cdot k_2$（$k_1 = k_2$ 时为按比例缩小，$k_1 \neq k_2$ 时为不按比例缩小，$k_1 < 1$，$k_2 < 1$），则采样间隔可以通过式（4.33）来计算。

$$\Delta i = 1/k_1, \Delta j = 1/k_2 \tag{4.33}$$

（2）求出缩小的图像。

设原图为 $F(i,j)(i=1,2,\cdots,M; j=1,2,\cdots,N)$，缩小后的图像为 $g(i,j)(i=1,2,\cdots, k_1, M; j=1,2,\cdots,k_2, N)$，则两幅图像有如下关系式：

$$g(i,j) = f(i \times \Delta i, j \times \Delta j) \tag{4.34}$$

下面以一个简单的例子来说明图像的缩小过程。设原图像矩阵（4 行×6 列）为

$$F = \begin{bmatrix} f_{11} & f_{12} & f_{13} & f_{14} & f_{15} & f_{16} \\ f_{21} & f_{22} & f_{23} & f_{24} & f_{25} & f_{26} \\ f_{31} & f_{32} & f_{33} & f_{34} & f_{35} & f_{36} \\ f_{41} & f_{42} & f_{43} & f_{44} & f_{45} & f_{46} \end{bmatrix} \tag{4.35}$$

将其进行缩小，缩小的倍数为 $k_1 = 0.7$，$k_2 = 0.6$，则缩小图像的大小应为 3 行×4 列。根据式（4.33）计算得到采样间隔：$\Delta i = 1/0.7 = 1.4$，$\Delta j = 1/0.6 = 1.7$。

缩小后的图像为

$$g(i,j) = f(i \times \Delta i, j \times \Delta j) \tag{4.36}$$

由此将 $i = 1、2、3$，$j = 1、2、3、4$ 代入式（4.36）可算出每一个像素的函数值 $g(i,j)$，即可求出新图像的矩阵形式，如下：

$$\begin{bmatrix} f_{12} & f_{13} & f_{15} & f_{16} \\ f_{32} & f_{33} & f_{35} & f_{36} \\ f_{42} & f_{43} & f_{45} & f_{46} \end{bmatrix} \tag{4.37}$$

2. 基于局部均值的图像缩小方法

从前面的缩小算法可以看到，算法的实现非常简单，但是采用上述方法所生成的缩小后的图像无法反映没有被选取到的点的信息。为了解决这个问题，可以

采用基于局部均值的方法来实现图像的缩小。该方法的具体实现步骤如下。

（1）计算采样间隔：采用式（4.33）得到 Δi，Δj。

（2）求出局部子块：这里的局部子块是指相邻两个采样点之间所包含的原图像的子块，即为

$$F^{(i,j)} = \begin{bmatrix} f_{\Delta i \times (i-1)+1, \Delta j \times (j-1)+1} & f_{\Delta i \times (i-1)+1, \Delta j \times (j-1)+2} & \cdots & f_{\Delta i \times (i-1)+1, \Delta j \times j} \\ f_{\Delta i \times (i-1)+2, \Delta j \times (i-1)+1} & f_{\Delta i \times (i-1)+2, \Delta j \times (j-1)+2 \cdots} & & f_{\Delta i \times (i-1)+2, \Delta j \times j} \\ \vdots & \vdots & \cdots & \vdots \\ f_{\Delta i \times i, \Delta j \times (j-1)+1} & f_{\Delta i \times i, \Delta j \times (j-1)+2} & & f_{\Delta i \times i, \Delta j \times j} \end{bmatrix} \quad (4.38)$$

（3）求出缩小的图像： $g(i,j)$ 为 $F(i,j)$ 局部子块中各个像素值的均值。

同上面的例子，原图像仍为 4×6 的矩阵 F［式（4.35）］，缩小倍数仍为 $k_1 = 0.7$，$k_2 = 0.6$，则缩小后的图像大小为 3×4。

首先，根据式（4.33）计算得到采样间隔： $\Delta i = 1 / 0.7 = 1.4$，$\Delta j = 1 / 0.6 = 1.7$。

然后，根据式（4.38），可以将 F 分块，局部子块为

$$F = \begin{bmatrix} \begin{bmatrix} f_{11} & f_{12} \\ f_{21} & f_{22} \end{bmatrix} & \begin{bmatrix} f_{13} \\ f_{23} \end{bmatrix} & \begin{bmatrix} f_{14} & f_{15} \\ f_{24} & f_{25} \end{bmatrix} & \begin{bmatrix} f_{16} \\ f_{26} \end{bmatrix} \\ \begin{bmatrix} f_{31} & f_{32} \end{bmatrix} & \begin{bmatrix} f_{33} \end{bmatrix} & \begin{bmatrix} f_{34} & f_{35} \end{bmatrix} & \begin{bmatrix} f_{36} \end{bmatrix} \\ \begin{bmatrix} f_{41} & f_{42} \end{bmatrix} & \begin{bmatrix} f_{43} \end{bmatrix} & \begin{bmatrix} f_{44} & f_{45} \end{bmatrix} & \begin{bmatrix} f_{46} \end{bmatrix} \end{bmatrix} \quad (4.39)$$

最后，缩小后的图像可以表示为

$$G = \begin{bmatrix} g_{11} & g_{12} & g_{13} & g_{14} \\ g_{21} & g_{22} & g_{23} & g_{24} \\ g_{31} & g_{32} & g_{33} & g_{34} \end{bmatrix} \quad (4.40)$$

其中，g_{11}，g_{12}，$\cdots$，g_{34} 为加上各子块的均值，如：

$$g_{11} = \frac{1}{4}\left(f_{11} + f_{12} + f_{21} + f_{22}\right)，\quad g_{14} = \frac{1}{2}\left(f_{16} + f_{26}\right)，\quad g_{22} = f_{33}，\quad \cdots \quad (4.41)$$

依次类推，将各个子块求平均，即可算出 $g(i,j)$，求出缩小后的图像。

4.2.8　图像的放大

图像的放大，从物理含义上来讲是指图像缩小的逆操作，但是从信息处理的角度来看，则含义完全不一样。图像缩小是从大数据量到小数据量的处理过程，因此只需要从多个数据中，以适当的方式选出所需要的信息就可以完成；而图像放大则是从小数据量到大数据量的处理过程，因此需要对许多未知的数据进行估

计。因为图像中相邻像素之间的相关性很强，所以可以利用这个相关性来实现图像的放大。

与图像缩小相类似，图像放大也分为按比例放大和不按比例放大两种方式。按比例放大不会产生图像的畸变，而不按比例放大则会产生图像的畸变。如图 4.23 为一个图像放大效果的实例，其中：图 4.23（a）为原始图像；图 4.23（b）为按比例放大后的图像，长和宽放大倍数一致；图 4.23（c）为不按比例放大后的图像，长和宽放大倍数不一致。

（a）原图　　　　　　　　（b）按比例放大　　　　　　　（c）不按比例放大

图 4.23　图像放大效果实例

1. 基于像素放大原理的图像放大方法

如果一幅图像要放大 $k_1 \times k_2$ 倍（即行放大 k_1 倍，列放大 k_2 倍，$k_1 > 1$，$k_2 > 1$），则将图像中的每个像素复制到由 $k_1 \times k_2$ 个像素所构成的子块中，这些子块再按照原来像素的排列顺序进行排列，进而可以构成放大后的图像。

从图像上看，因为一个像素放大成一个 $k_1 \times k_2$ 的子块，相当于像素放大了 $k_1 \times k_2$ 倍，所以称这种方法为基于像素放大原理的图像放大方法。如图 4.24 所示，将一个像素复制成 2×3 的子块。如图 4.24（a）所示，对每个像素进行相同的处理后，整幅图像也从原来的 3×3，放大为 6×9；如图 4.24（b）所示，相当于行放大 2 倍，列放大 3 倍。

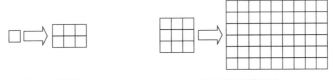

（a）单个像素复制2×3　　　　　　　　（b）整幅图像复制2×3

图 4.24　图像像素放大原理

如果 k_1 和 k_2 不是整数，那么像素放大的方法就不适用了。假设原图为 F，放大后的图像为 G，则可按照式（4.42）进行放大。

$$g(i, j) = f(c_1 \times i, c_2 \times j) \tag{4.42}$$

式中，$c_1 = 1/k_1$；$c_2 = 1/k_2$。

下面以一个简单的例子来说明基于像素放大原理的图像放大方法。设原图为 3×3 的图像，矩阵形式为

$$F = \begin{bmatrix} f_{11} & f_{12} & f_{13} \\ f_{21} & f_{22} & f_{23} \\ f_{31} & f_{32} & f_{33} \end{bmatrix} \qquad (4.43)$$

若将其放大 1.2×2.5 倍，即行放大为 4 行，列放大为 8 列，放大后的图像即为 4×8 大小的图像，则 $c_1 = 1/k_1 = 0.8$，$c_2 = 1/k_2 = 0.4$。

根据式（4.42），$g(1,1) = f(0.8,0.4) = f(1,1)$，$g(1,2) = f(0.8,0.8) = f(1,1)$，… 依次类推，即可算出所有的 $g(i,j)$，如下：

$$G = \begin{bmatrix} f_{11} & f_{11} & f_{11} & f_{12} & f_{12} & f_{13} & f_{13} & f_{13} \\ f_{21} & f_{21} & f_{21} & f_{22} & f_{22} & f_{23} & f_{23} & f_{23} \\ f_{31} & f_{31} & f_{31} & f_{32} & f_{32} & f_{33} & f_{33} & f_{33} \\ f_{31} & f_{31} & f_{31} & f_{32} & f_{32} & f_{33} & f_{33} & f_{33} \end{bmatrix} \qquad (4.44)$$

2. 基于双线性插值的图像放大方法

双线性插值图像放大，不是将原图像的像素复制到整个子块，而是只填写在子块的某一个像素的位置上。

在最上（下）面一行的子块中，将原图像中相应的像素放在放大图像子块的最上（下）面的位置上；

在最右（左）边一列的子块中，将原图像中相应的像素放在放大图像子块的最右（左）边的位置上；

在其他子块中，原图像中相应的像素放在放大图像子块中左上角的位置上，对其进行归一化处理后，子块四个顶点分别设为 $(0,0)$、$(0,1)$、$(1,0)$、$(1,1)$，相应的待处理像素的坐标为 (x,y)，且 $0 < x < 1$、$0 < y < 1$，则可由式（4.45）得到插值像素 $f(x,y)$。

$$\begin{cases} f(0,y) = f(0,0) + y\left[f(0,1) - f(0,0)\right] \\ f(1,y) = f(1,0) + y\left[f(1,1) - f(1,0)\right] \\ f(x,y) = f(0,y) + x\left[f(1,y) - f(0,y)\right] \end{cases} \qquad (4.45)$$

如果 $x = 1$ 或者 $y = 1$，则进行单线性插值计算，即分别为

$$\begin{cases} f(x,y) = f(0,0) + y\left[f(0,y) - f(0,0)\right], & x = 1 \\ f(x,y) = f(0,0) + x\left[f(1,0) - f(0,0)\right], & y = 1 \end{cases} \qquad (4.46)$$

下面以一个简单的例子来说明以上两种方法的不同。设原图为

$$F = \begin{bmatrix} 1 & 4 & 7 \\ 2 & 5 & 8 \\ 3 & 6 & 9 \end{bmatrix} \quad\quad (4.47)$$

若将其放大 1.2×2.5 倍，则放大后的图像为 $G = \left|g_{ij}\right|_{4\times 8}$，按照之前已经采用像素放大方法求解的式（4.44）的结果，放大后的图像为

$$G = \begin{bmatrix} 1 & 1 & 1 & 4 & 4 & 7 & 7 & 7 \\ 2 & 2 & 2 & 5 & 5 & 8 & 8 & 8 \\ 3 & 3 & 3 & 6 & 6 & 9 & 9 & 9 \\ 3 & 3 & 3 & 6 & 6 & 9 & 9 & 9 \end{bmatrix} \quad\quad (4.48)$$

从式（4.47）可以看出，图像虽然得到了放大，但很多区域是简单的重复填充，图像的连贯性、过渡性不好，画面显得不够自然。

接下来我们按照双线性插值的方法来对同一幅图像，进行同样倍数的放大，观察处理后的效果对比。按照双线性插值法，首先进行定点填充，将已知像素值填充到上下左右，其余地方填充 0，即

$$G = \begin{bmatrix} 1 & 0 & 0 & 4 & 0 & 0 & 0 & 7 \\ 2 & 0 & 0 & 5 & 0 & 0 & 0 & 8 \\ 0 & 0 & 0 & 0 & 0 & 0 & 0 & 0 \\ 3 & 0 & 0 & 6 & 0 & 0 & 0 & 9 \end{bmatrix} \quad\quad (4.49)$$

之后按照式（4.45）进行双线性插值计算，以四个像素点构造插值顶点 (0,0)、(0,1)、(1,0)、(1,1)，从而计算出插值函数 $f(x,y)$，依次算出各个插值点填充未知像素，即

$$G = \begin{bmatrix} 1 & 2 & 3 & 4 & 5 & 6 & 7 & 7 \\ 2 & 3 & 4 & 5 & 6 & 7 & 8 & 8 \\ 3 & 0 & 0 & 6 & 0 & 0 & 0 & 9 \\ 3 & 4 & 5 & 6 & 7 & 8 & 9 & 9 \end{bmatrix} \quad\quad (4.50)$$

一次插值后，并不能将所有未知像素点求出来，因此我们对第三行再进行一次线性插值，按照上述方法重复进行得到最终插值后的图像，矩阵形式如下：

$$G = \begin{bmatrix} 1 & 2 & 3 & 4 & 5 & 6 & 7 & 7 \\ 2 & 3 & 4 & 5 & 6 & 7 & 8 & 8 \\ 3 & 4 & 5 & 6 & 7 & 8 & 9 & 9 \\ 3 & 4 & 5 & 6 & 7 & 8 & 9 & 9 \end{bmatrix} \quad\quad (4.51)$$

显然，从数据上观察可知，采用双线性插值的方法可以平缓像素块之间的过渡，从而使画面效果更加自然。

4.2.9　图像的缩放编程实例

图像的缩放操作将会改变图像的大小，产生的图像中的像素可能在原图中找不到相应的像素点，这样就必须进行近似处理。图像的放大与缩小常用的处理方法已在上述章节中详细描述，本小节主要介绍使用 LabVIEW 软件对图像的放大与缩小进行编程与仿真实现。

在对图像进行近似处理时，一般的方法是直接赋值为和它最相近的像素值，也可以通过一些插值算法来计算。

假设图像 x 轴方向缩放比例为 f_x ，y 轴方向缩放比例为 f_y ，那么新图中的点 (x_1, y_1) 对应于原图中点 (x_0, y_0) 的转换矩阵为

$$\begin{bmatrix} x_1 \\ y_1 \\ 1 \end{bmatrix} = \begin{bmatrix} f_x & 0 & 0 \\ 0 & f_y & 0 \\ 0 & 0 & 1 \end{bmatrix} \begin{bmatrix} x_0 \\ y_0 \\ 1 \end{bmatrix} \tag{4.52}$$

其逆运算如下：

$$\begin{bmatrix} x_0 \\ y_0 \\ 1 \end{bmatrix} = \begin{bmatrix} \dfrac{1}{f_x} & 0 & 0 \\ 0 & \dfrac{1}{f_y} & 0 \\ 0 & 0 & 1 \end{bmatrix} \begin{bmatrix} x_1 \\ y_1 \\ 1 \end{bmatrix} \tag{4.53}$$

使用 LabVIEW 软件进行缩放编程，其程序框图如图 4.25 所示。

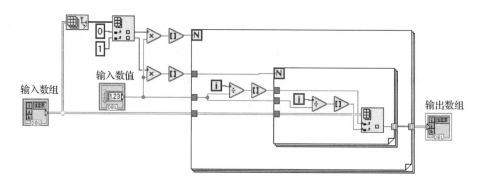

图 4.25　图像缩放程序框图

通过控制前面板输入控件，设置放大、缩小的倍数，即可得到放大、缩小的图像。放大两倍的处理结果如图 4.26 所示，缩小到一半的处理结果如图 4.27 所示。

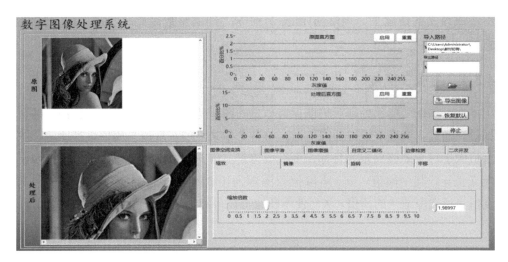

图 4.26　图像放大两倍处理结果实例

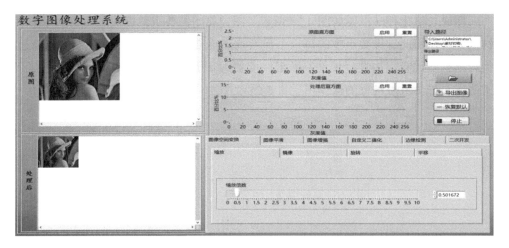

图 4.27　图像缩小到一半处理结果实例

4.3　图像增强

量化后的数字图像，各像素点的灰度是一些离散值，我们称这些不同的离散值为灰度级。如果某个图像系统最多可以有 K 种灰度级，则称该图像系统的图像

为 K 级灰度图像。在计算机处理中，往往采用 256 灰度级图像系统，用 0～255 共 256 个自然数表示不同灰度级。

我们称集合 $G = (n \mid n \in Z, 0 \leqslant n \leqslant 255)$ 为图像的灰度空间。为了表示方便，在不造成歧义的情况下，用 $[a,b]$ 代表 a 到 b 之间的整数，此时 G 属于 $[0,255]$ 的整数。

4.3.1　图像二值化

灰度图像二值化处理后仍能保留一定的图像特征，同时大幅度减少图像的数据量。通过灵活选取设定的阈值 T，将各个像素点的灰度值与阈值进行比较，灰度值大于等于阈值判定为目标，变换成自定义值 b，否则判定为背景，变换为自定义值 a。其中阈值、a、b 取值范围都为 $[0,255]$，可根据图像处理目标的灰度值灵活选取适当的阈值，从而使得图像特征得到最大的保留[10]。计算公式如下：

$$g = \begin{cases} a, & f < T \\ b, & f \geqslant T \end{cases} \tag{4.54}$$

式中，f 为原像素点灰度值；g 为处理后的灰度值。

图像二值化程序框图如图 4.28 所示，图像原始的数组数据流进两个 For 循环结构，可以将此二维数组中的每一个像素拿出单独处理，通过比较器将像素灰度值与阈值相比较，由选择控件判断最终取值为 a 还是 b 输出，整个程序数据的走向明确，每个节点进行的操作也一目了然。

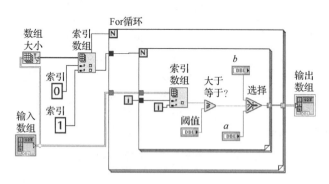

图 4.28　图像二值化程序框图

导入图像，经调节先后选取阈值 T 为 120，二值化设定一般选取 $a = 0$，$b = 255$，处理结果见图 4.29，二值化后只留下了背景和图像目标，图像目标特征清楚，效果良好，二值化功能得以实现。

图 4.29　图像二值化处理结果展示

4.3.2　图像平滑

图像平滑是一种局部项处理方法，主要用于抑制图像噪声，它利用了图像数据的冗余性，每一新值是基于图像该点某个邻域中亮度数值的平均计算得到的[11]。由于平滑存在使图像中的边缘变得模糊的问题，因此在处理过程中要考虑能够保持边缘（edge preserving）的平滑方法。

局部图像平滑可以有效地消除冲激噪声或表现为窄带的退化，但是当退化是大的斑点或粗带时就显得无能为力了，此时，可以使用图像复原技术来解决复杂的退化问题。

1.　简单邻域平均法

设 $f(x,y)$ 为给定的包含噪声的图像，该图像经简单邻域平均处理后为 $g(x,y)$，其数学表达式为

$$g(x,y) = \frac{1}{M} \sum_{(m,n)\in S} f(m,n) \tag{4.55}$$

式中，S 为所取邻域中各邻近像素的坐标范围；M 为邻域中包含邻近像素的个数。

对于邻域可以有不同的选取，如四点邻域、四对角 D 邻域、八点邻域、5×5
邻域及 7×7 邻域等。

邻域平均法虽然简单，抑制噪声的效果也较明显，但存在着边缘模糊的效应。
随着邻域的增大，抑制噪声效果和边缘模糊效应也同时增加。

例如，以 3×3 方形窗口得到图像矩阵形式［式（4.56）］，对中心像素采用简
单邻域平均法进行平滑处理，求处理后的像素值。

$$
\begin{bmatrix}
212 & 200 & 198 \\
206 & 202 & 201 \\
208 & 205 & 207
\end{bmatrix}
\tag{4.56}
$$

采用简单邻域平均法，对中心像素为中心的 9 个像素值，采取式（4.55）完
成平滑处理：

$$
\begin{aligned}
\overline{g}(x,y) &= \frac{212+200+198+206+202+201+208+205+207}{9} \\
&= 1839/9 = 204.3 \approx 204
\end{aligned}
$$

采用同样的方法，对所有像素进行相同的计算，即可达到整个图像的平滑。
经过邻域平均法处理前后图像对比，如图 4.30 所示。处理前后图像有如下变化。

（1）平滑后噪声方差为处理前的 $1/M$。

（2）简单局部平均会使图像变得模糊，特别是轮廓边缘变得不清晰。

　　（a）原图　　　　　　　　　　　（b）处理后的图像

图 4.30　邻域平均法处理前后图像对比

2. 域值邻域平均法

域值邻域平均法的基本思想是：取某一像素，若它的灰度与其邻域的平均灰度之差大于给定的域值 T，则以其邻域的平均灰度取代其灰度，反之则保持不变。其数学表达式为

$$g(x,y) = \begin{cases} \dfrac{1}{M} \sum\limits_{(m,n) \in S} f(m,n) & \left| f(x,y) - \dfrac{1}{M} \sum\limits_{(m,n) \in S} f(m,n) \right| > T \\ f(x,y) & \text{其他} \end{cases} \quad (4.57)$$

式中，T 为灰度阈值；$f(x,y)$ 为原始图像；$g(x,y)$ 为处理后的图像；S 是所取邻域中各邻近像素的坐标范围；M 是邻域中包含的邻近像素的个数；$f(m,n)$ 为坐标范围内的像素值。

该方法对抑制椒盐噪声比较有效，可保护仅有微小灰度差的图像细节。

3. 加权邻域平均法

加权邻域平均法的数学表达式如下：

$$g(x,y) = \sum_{i=-m}^{m} \sum_{j=-n}^{n} W(i,j) f(x-i, y-j) \quad (4.58)$$

式中，$W(i,j)$ 是像素点 (i,j) 的权值；$f(x,y)$ 为原始图像；$g(x,y)$ 为处理后的图像。

例如，当 $W(i,j)$ 均相等时，对于 3×3 邻域而言，权矩阵 $W(m=1, n=1)$ 为式（4.59）。这就是加权邻域平均法的一个特例——等权值平均。

$$W = \frac{1}{9} \begin{bmatrix} 1 & 1 & 1 \\ 1 & 1 & 1 \\ 1 & 1 & 1 \end{bmatrix} \quad (4.59)$$

等权值平均对减少边缘模糊效应的作用不大。若要去除噪声又能够减少边缘模糊，则必须用加权（非等权）邻域平均，加权模板如下：

$$H_1 = \frac{1}{10} \begin{bmatrix} 1 & 1 & 1 \\ 1 & 2 & 1 \\ 1 & 1 & 1 \end{bmatrix}, \qquad H_2 = \frac{1}{16} \begin{bmatrix} 1 & 2 & 1 \\ 2 & 4 & 2 \\ 1 & 2 & 1 \end{bmatrix} \quad (4.60)$$

4. 中值滤波

在一个有序的系列表中，中值是指位于中心的值。所谓中值滤波，是指将以某点 (x, y) 为中心的小窗口内所有像素的灰度按从大到小的顺序排列，并以中间值作为 (x, y) 处的灰度值（若窗口中有偶数个像素，则取两个中间值的平均）。即用一个滑动窗对该窗口内的诸像素灰度值排序，用其中值代替窗口中心像素的灰度值的滤波方法。

它是一种非线性的平滑法，对脉冲干扰及椒盐噪声（表现为黑图像上的白点，白图像上的黑点）的抑制效果较好，在抑制随机噪声的同时能有效防止边缘模糊。但它对点、线等细节较多的图像却不太适合。

在一维形式下，中值滤波器是一个有奇数个像素的滑动窗口，经排序后，窗口像素序列为 $\{F_{i-v}, \cdots, F_{i-1}, F_i, F_{i+1}, \cdots, F_{i+v}\}$。其中，$v = (L-1)/2$，$L$ 为窗口长度，F_i 即为窗口像素的中值滤波输出，记为

$$G_i = \text{Med}\{F_{i-v}, \cdots, F_i, \cdots, F_{i+v}\} \tag{4.61}$$

式中，$\text{Med}\{F\}$ 表示取窗口中值。

例如，若一个窗口内各像素的灰度是 $\{5, 6, 35, 10, 5\}$，它们的灰度中值是 6，即 $\text{Med}\{5, 6, 35, 10, 5\} = 6$。中心像素原灰度为 35，滤波后就变成了 6。如果 35 是一个脉冲干扰，则中值滤波后将被有效抑制；相反，若 35 是有用的信号，则滤波后也会受到抑制。

中值滤波是一种典型的低通滤波器，它的目的是在保护图像边缘的同时去除噪声。一维中值滤波的概念很容易推广到二维。在二维图像中，取某种形式的二维窗口，将窗口内像素排序，生成单调一维数据序列 $\{F_{jk}\}$，即可采用一维滤波的函数式完成中值滤波。二维中值滤波输出为

$$G(j, k) = \text{Med}\{F_{jk}\} \tag{4.62}$$

在二维中值滤波中，二维窗口的设计非常重要，直接影响滤波的效果。设计二维窗口时涉及窗口的尺寸大小、窗口的形状两个方面。正确选择窗口尺寸大小是合理利用中值滤波器的重要环节。一般很难事先确定最佳的窗口尺寸，需通过从小窗口到大窗口的中值滤波试验，再从中选取最好的结果。比较常见的窗口尺寸为 3×3、5×5、7×7、9×9 等。

除了选择窗口尺寸大小，窗口形状的选择也至关重要。二维中值滤波器的窗口形状可以有多种，如线形、十字形、方形、圆形、菱形等。不同形状的窗口产

生的滤波效果不同，使用时必须根据图像的内容和不同的要求加以选择。常见的窗口大小及形状如图 4.31 所示。

图 4.31 常见的窗口大小及形状

从以往的经验来看，方形或圆形窗口适宜于外廓线较长的物体图像，而十字形窗口对有尖顶角状的图像效果较好。

例如，在某图像中，取 3×3 方形窗口，如图 4.32 所示，对中心像素进行中值滤波处理。

$$\begin{bmatrix} 212 & 200 & 198 \\ 206 & 202 & 201 \\ 208 & 205 & 207 \end{bmatrix} \Longrightarrow \begin{bmatrix} 212 & 200 & 198 \\ 206 & 202 & 201 \\ 208 & 205 & 207 \end{bmatrix}$$

图 4.32 某图像取 3×3 方形窗口

将窗口中的像素提取出来，并按照从小到大的顺序进行排列：

[198 200 201 202 205 206 207 208 212]

取中间值 205，替换原来中心像素点，中值滤波处理后图像变为

$$\begin{bmatrix} 212 & 200 & 198 \\ 206 & 205 & 201 \\ 208 & 205 & 207 \end{bmatrix}$$

同样的图像，取 3×3 十字形窗口后，提取像素，并按照从小到大的顺序进行排列：

[200   201   202   205   206]

取中间值 202，替换原来中心像素点，中值滤波处理后图像变为

$$\begin{bmatrix} 212 & 200 & 198 \\ 206 & 202 & 201 \\ 208 & 205 & 207 \end{bmatrix}$$

中值滤波的特点：

（1）对离散阶跃信号、斜声信号不产生作用，对点状噪声和干扰脉冲有良好的抑制作用。

（2）能保持图像边缘，使原始图像不产生模糊。

中值滤波的效果无论从客观指标还是主观视觉效果上都远远超过邻域平均法，中值滤波后的图像边缘得到了较好的保护，且超限中值滤波比一般中值滤波的效果要好。缺点是对高斯噪声无能为力，同时计算比较费时，需研究快速算法。

5. K 近邻平滑（均值、中值）滤波器

平滑（特别是均值）滤波处理不能避免图像模糊的问题。分析原因可知，图像上的景物之所以可以辨认清楚，是因为目标物之间存在灰度变化显著的边界；而对边界上的像素进行平滑滤波时，简单地选取邻域中值或均值，都会在一定程度上降低边界的灰度显著性，从而导致了图像模糊。

因此，为了保持图像清晰，在进行平滑处理的同时，希望检测出景物的边界，然后只对噪声部分进行平滑处理。由于这样操作保持了边界原有的灰度特性，因此称这类操作为边界保持类平滑滤波。

K 近邻平滑滤波器是一种常用的边界保持类平滑滤波器。K 近邻平滑滤波器的核心是：在一个与待处理像素邻近的范围内，寻找出其中像素值与之最接近的 K 个邻点，将该 K 个邻点的均值（或中值）替代原像素值[12]。

如果待处理像素为非噪声点，则通过选择像素值与之相近的邻点，可以保证在进行平滑处理时，基本上是同一个区域的像素值的计算，这样就可以保证图像的清晰度。

如果待处理像素是噪声点，则由于噪声本身具有孤立点的特点，因此需要对邻点进行平滑处理，可以将噪声进行抑制。

根据以上原理，K 近邻平滑滤波方法具体如下。

（1）设 $f(x,y)$ 为当前待处理像素，以其为中心，构造一个 $N \times N$ 的模板（N 为奇常数，一般取 3，5 或 7）。

（2）在模板的 $N \times N$ 个像素中，选择出 K 个像素值与 $f(x,y)$ 相近的像素（一般当 $N=3$ 时，取 $K=5$；当 $N=5$ 时，取 $K=9$；当 $N=7$ 时，取 $K=25$），这 K 个像素不包含 $f(x,y)$ 本身。

（3）将这 K 个像素的均值（或者中值）替代原像素值 $f(x,y)$。

（4）将图像中所有处于滤波范围内的像素点均进行相同的处理。

例如，以 $f(3,3) = 2$（是一个非噪声点）为例，取 5×5 的模板为

$$f_m(3,3) = \begin{bmatrix} 1 & 3 & 2 & 3 & 2 \\ 1 & 2 & 1 & 4 & 3 \\ 1 & 10 & 2 & 3 & 4 \\ 5 & 2 & 6 & 18 & 8 \\ 5 & 5 & 7 & 0 & 8 \end{bmatrix}$$

找到 9 个与 $f(3,3) = 2$ 像素值相近的点为

$$f(1,3) = 2, \quad f(1,5) = 2, \quad f(2,2) = 2, \quad f(4,2) = 2, \quad f(3,1) = 1$$
$$f(1,1) = 1, \quad f(1,2) = 3, \quad f(1,4) = 3, \quad f(2,1) = 1$$

将这几个点像素值求其均值 $\overline{f} = 2$，也可求其中值，也为 2，显然，该非噪声点得到了保持。

4.3.3　图像平滑编程实例

这里以 5×5 方形窗口为例，讲解数据处理流向。导入含有椒盐噪声的图像，可以从图 4.33 中清楚地看到处理过程中数据的具体流向：以原始图像数据为输入数组，先取中心像素的八邻域像素与窗口数组相乘，将得到的二维数组重排为一维数组，再取中值替代该像素值，完成此像素的中值滤波处理，借由两个 For 循环完成对整个二维图像数据的处理，得到输出数组，传送至主 VI 即可显示图像或进行其他操作。由图 4.34 可见，经过中值滤波后，椒盐噪声得到了极大的抑制，图像的视觉质量得到了较好改善。图 4.35 为不同大小、不同形状的中值滤波处理结果，以及 K 近邻平滑滤波处理结果。

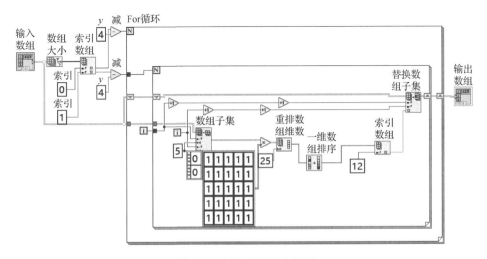

图 4.33　图像平滑程序框图

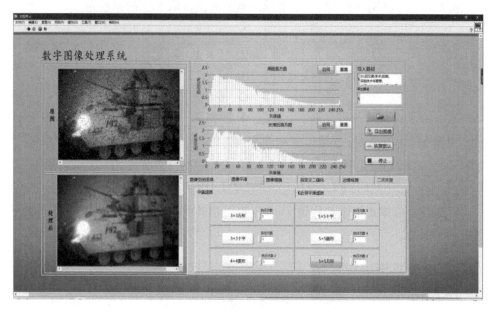

图 4.34   5×5 方形图像平滑处理结果展示

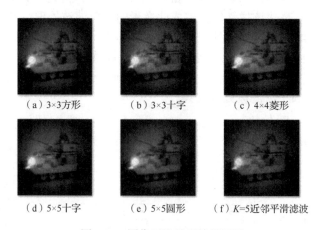

（a）3×3方形   （b）3×3十字   （c）4×4菱形

（d）5×5十字   （e）5×5圆形   （f）K=5近邻平滑滤波

图 4.35   图像平滑处理结果展示

4.3.4   图像锐化

图像锐化可以实现图像的边缘检测，能够增强图像的轮廓边缘，包括采用一阶微分算子或二阶微分算子等方法，来提取完整的目标边界信息。本节以一阶微分算子为例进行介绍。

1. 各向同性的一阶微分算子

图像处理中最常用的微分运算为梯度运算（一阶微分算子）。对于一个函数 $f(x,y)$，在坐标 (x,y) 处，该函数的梯度定义为

$$\nabla f \overset{\text{def}}{=} \begin{bmatrix} \dfrac{\partial f}{\partial x} \\ \dfrac{\partial f}{\partial y} \end{bmatrix} \qquad (4.63)$$

该矢量的幅度为

$$\nabla f = \text{mag}(\nabla f) = \left[\left(\frac{\partial f}{\partial x} \right)^2 + \left(\frac{\partial f}{\partial y} \right)^2 \right]^{1/2} \qquad (4.64)$$

最简单的方法是将 x 方向和 y 方向的微分分别用差分 $z_5 - z_8$ 和 $z_5 - z_6$ 来近似，此时微分算子的幅度为

$$\nabla f = \left[(z_5 - z_8)^2 + (z_5 - z_6)^2 \right]^{1/2} \qquad (4.65)$$

如果不用平方及平方根，利用绝对值，则可以得到一个类似的结果，如

$$\nabla f = |z_5 - z_8| + |z_5 - z_6| \qquad (4.66)$$

考虑图 4.36（a）所示的图像区域，其中 z 表示像素的灰度值。点 z_5 处的值可以通过多种模板来近似求出，如图 4.36 所示。注意到模板的所有系数之和为 0 的特征，因此正如所期望的那样，模板对所有均匀区域的响应都为 0。

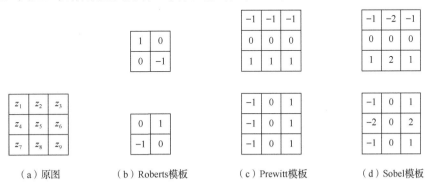

（a）原图　　　（b）Roberts 模板　　　（c）Prewitt 模板　　　（d）Sobel 模板

图 4.36　3×3 图像区域及其计算 z_5 点梯度的几种模板

Roberts 模板使用的是交叉差分，可以用式（4.67）来表示或者用绝对值式（4.68）来表示。

$$\nabla f = \left[(z_5 - z_9)^2 + (z_6 - z_8)^2 \right]^{1/2} \qquad (4.67)$$

$$\nabla f = \left| z_5 - z_9 \right| + \left| z_6 - z_8 \right| \tag{4.68}$$

Prewitt 模板使用的是 3×3 的邻域，其在点 z_5 处的近似取值为

$$\nabla f \approx \left| (z_7 + z_8 + z_9) - (z_1 + z_2 + z_3) \right| + \left| (z_3 + z_6 + z_9) - (z_1 + z_4 + z_7) \right| \tag{4.69}$$

2. 具有方向性的一阶微分算子

我们知道，一个向量不仅有大小度量，还有方向度量。为了度量图像灰度的变化，就需要建立一种向量与数量之间的映射关系，映射关系的不同，则对应了不同数字图像处理的一阶微分算子。

具有方向性的一阶微分算子的最大特点就是可以获得图像中特定方向上的灰度变化情况。这种方法在特定的纹理分析，以及特定物体的检测等方面的应用是非常有效的。

计算水平方向的微分算子，就是要获得图像在水平方向上的变化率。水平微分算子定义为

$$\nabla f \stackrel{\mathrm{def}}{=} \left[f(x-1, y-1) - f(x+1, y-1) \right] + 2 \left[f(x-1, y) - f(x+1, y) \right] \\ + \left[f(x-1, y+1) - f(x+1, y+1) \right] \tag{4.70}$$

按照图像处理的模板描述形式如式（4.71）所示，待处理像素位于模板的中心。

$$D_{\mathrm{level}} = \begin{bmatrix} 1 & 2 & 1 \\ 0 & 0 & 0 \\ -1 & -2 & -1 \end{bmatrix} \tag{4.71}$$

计算垂直方向的微分算子，就是要获得图像在垂直方向上的变化率。垂直微分算子定义为

$$\nabla f \stackrel{\mathrm{def}}{=} \left[f(x-1, y-1) - f(x-1, y+1) \right] + 2 \left[f(x, y-1) - f(x, y+1) \right] \\ + \left[f(x+1, y-1) - f(x+1, y-1) \right] \tag{4.72}$$

按照图像处理的模板描述形式如下：

$$D_{\mathrm{level}} = \begin{bmatrix} 1 & 0 & -1 \\ 2 & 0 & -2 \\ 1 & 0 & -1 \end{bmatrix} \tag{4.73}$$

例如，设原始图像如下：

$$f = \begin{bmatrix} 3 & 3 & 3 & 3 & 3 & 3 \\ 3 & 5 & 5 & 5 & 5 & 3 \\ 3 & 5 & 9 & 9 & 5 & 3 \\ 3 & 4 & 9 & 9 & 5 & 3 \\ 3 & 5 & 5 & 5 & 5 & 3 \\ 3 & 3 & 3 & 3 & 3 & 3 \end{bmatrix}$$

其中对 $f(2,3)$ 采用水平方向及垂直方向的微分算子实现图像锐化处理。

首先对 $f(2,3)$ 选取 3×3 模板下的图像子块为

$$f_m(2,3) = \begin{bmatrix} 3 & 3 & 3 \\ 5 & 5 & 5 \\ 5 & 9 & 9 \end{bmatrix}$$

采用水平模板，计算结果为 $g(2,3) = (3-5) + 2 \times (3-9) + (3-9) = -20$ ，即新图像的灰度值变为 -20 。

对所有像素都做同样的处理，最终得到的图像为

$$g = \begin{bmatrix} 0 & 0 & 0 & 0 & 0 & 0 \\ 0 & -10 & -20 & -20 & -10 & 0 \\ 0 & -4 & -12 & -12 & -4 & 0 \\ 0 & 4 & 12 & 12 & 4 & 0 \\ 0 & 10 & 20 & 20 & 10 & 0 \\ 0 & 0 & 0 & 0 & 0 & 0 \end{bmatrix}$$

为了显示结果图像，需要将图像数据进行标准化，即通过一个简单的线性映射将 $[g_{\min}, g_{\max}]$ 映射到 $[0,255]$ 。这里对 g 中的所有元素都进行 +20 处理，结果为

$$g' = \begin{bmatrix} 20 & 20 & 20 & 20 & 20 & 20 \\ 20 & 10 & 0 & 0 & 10 & 20 \\ 20 & 16 & 8 & 8 & 16 & 20 \\ 20 & 24 & 32 & 32 & 24 & 20 \\ 20 & 30 & 40 & 40 & 30 & 20 \\ 20 & 20 & 20 & 20 & 20 & 20 \end{bmatrix}$$

采用垂直模板，计算结果为 $g(2,3) = (3-3) + 2 \times (5-5) + (5-9) = -4$ ，即新图像的灰度值变为 -4 。

对所有像素都做同样的处理，最终得到的图像为

$$g = \begin{bmatrix} 0 & 0 & 0 & 0 & 0 & 0 \\ 0 & -10 & -4 & 4 & 10 & 0 \\ 0 & -20 & -12 & 12 & 20 & 0 \\ 0 & -20 & -12 & 12 & 20 & 0 \\ 0 & -10 & -4 & 4 & 10 & 0 \\ 0 & 0 & 0 & 0 & 0 & 0 \end{bmatrix}$$

为了显示结果图像，需要将图像数据进行标准化，即通过一个简单的线性映射将 $[g_{min}, g_{max}]$ 映射到 $[0,255]$。这里对 g 中的所有元素都进行+20 处理，结果为

$$g' = \begin{bmatrix} 20 & 20 & 20 & 20 & 20 & 20 \\ 20 & 10 & 16 & 24 & 30 & 20 \\ 20 & 0 & 8 & 32 & 40 & 20 \\ 20 & 0 & 8 & 32 & 40 & 20 \\ 20 & 10 & 16 & 24 & 30 & 20 \\ 20 & 20 & 20 & 20 & 20 & 20 \end{bmatrix}$$

4.3.5　图像锐化编程实例

常用的微分算子包括 Roberts 算子、Prewitt 算子、Sobel 算子和拉普拉斯算子。为了提供多样化的选择，此模块可以自定义卷积核心模板用以优化不同特征的图像，例如改变原模板系数得到拉普拉斯算子等。这里以 Sobel 算子为例，图 4.37 为图像边缘检测程序框图，图像边缘检测前面板设计及结果如图 4.38 所示。Sobel 算子分为两组，横向算子为 h，纵向算子为 z，即

$$h = \begin{bmatrix} -1 & 0 & 1 \\ -2 & 0 & 2 \\ -1 & 0 & 1 \end{bmatrix} \qquad z = \begin{bmatrix} 1 & 2 & 1 \\ 0 & 0 & 0 \\ -1 & -2 & -1 \end{bmatrix} \tag{4.74}$$

设原始图像为 G，分别对其作平面卷积，即

$$\begin{cases} H = h \times G \\ Z = z \times G \end{cases} \tag{4.75}$$

得到卷积后的图像灰度值 H、Z，则该点的灰度值为

$$G' = \sqrt{H^2 + Z^2} \tag{4.76}$$

导入图像，依次选择 Sobel 算子处理图像，处理结果见图 4.38 所示，图像的轮廓边缘清楚，目标边界信息基本提取成功，达到了边缘检测的功能。

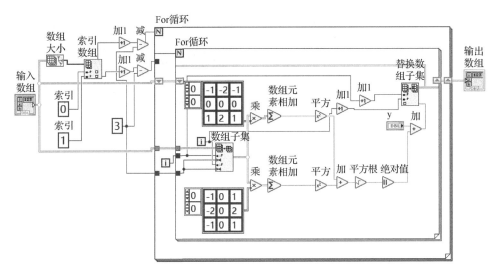

图 4.37　Sobel 算子图像边缘检测程序框图

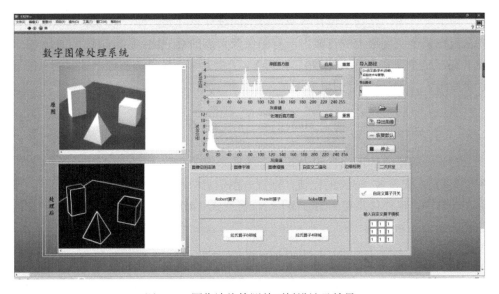

图 4.38　图像边缘检测前面板设计及结果

一幅图像使用不同的边缘检测算子可以得到不同的处理结果,如图 4.38~图 4.39 设计的数字图像处理系统能够提供较多种类的算子,能够满足大部分的图像处理需求,并且得到较好的处理效果。

如图 4.39 所示,采用不同的边缘检测算子对同一幅图像进行处理,处理结果不同。

（a）原图　　　　　（b）Prewitt算子　　　　（c）Roberts算子　　　　（d）Sobel算子

图4.39　图像边缘检测不同算子处理结果

4.3.6　直方图均衡化

在数字图像处理中，一个最简单和最有用的工具是灰度直方图。直方图概括了一幅图像的灰度级内容。任何一幅图像的直方图都包括了可观的信息，某些类型的图像还可由其直方图来完全描述。

1. 直方图

所谓直方图，是指图像在各灰度级上的统计百分比，即一幅256级灰度图像的灰度在某个灰度级上的点数占所有图像像素点的百分比。假设某幅图像是 W 个像素宽，H 个像素高，该图像共有 $N=W×H$ 个像素，如果该图像中像素为 g 的像素个数是 N_g，则该图像的直方图是一个一维数组，该数组定义为

$$\text{Hist}[g] \overset{\text{def}}{=} \frac{N_g}{N}, \quad g \in G \tag{4.77}$$

对于一幅给定的图像，因为其包含的像素点的个数 N 是固定的，式（4.77）中如果用 N_g 代替 N_g 与 N 的比值，则直方图信息只相差一个固定的比例因子，所以在计算中，也往往直接用 $\text{Hist}[g] = N_g$ 替代式（4.77）进行计算，这样得到修改的直方图公式为

$$\text{Hist}[g] = N_g, \quad g \in G \tag{4.78}$$

直方图表示的是图像中每一灰度级与其出现频数之间的统计关系，用横坐标表示灰度级，纵坐标表示频数。直方图通常用条形图来表示（特别是灰度数目少时）。直方图的形状将提供图像的灰度范围、每个灰度级的频数、灰度分布情况、整幅图像的亮度等特征信息。

如图4.40（a）为一幅简单图案，即用灰度值来表示的图像。图4.40（b）为图4.40（a）的直方图，该直方图横坐标为图案包含的灰度值0~8，纵坐标为各个灰度出现的像素个数。

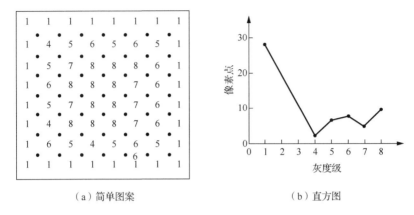

（a）简单图案 （b）直方图

图 4.40 简单图案及其直方图

也可以用灰度值出现的频数来表示直方图，如图 4.41 横坐标为灰度值分布，纵坐标为各个灰度出现的像素个数与总像素个数的比值，即灰度值的频数，也称为概率（频率）。

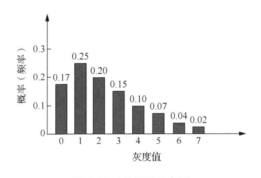

图 4.41 直方图示意图

需要注意的是，直方图仅仅描述图像中像素的灰度级分布，但没有描述出像素的空间关系。

1）直方图没有位置信息

图像各像素的灰度值是具有二维位置信息的，而直方图只统计某一灰度值的像素有多少，占全部像素的比例是多少，而对那些具有同一灰度的像素在图像中占什么位置则一无所知，不同图像可能具有同样的直方图。

如图 4.42 所示，四个不同的图案，但可能具有同样的直方图。只要阴影部分面积一致，各个灰度对应的像素数一致，直方图就一致。由此可知，虽然图案不同，位置也不同，但是直方图相同，即直方图与位置无关。

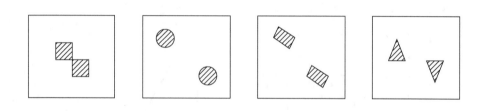

图 4.42　不同图案示意图

2）直方图是总体灰度的概念

由直方图可看出图像的整体性质。如图 4.43 所示，横坐标为灰度值区间 r_k，纵坐标为灰度值频数 $p(r_k)$。由图看出，图 4.43（a）灰度值集中在灰度值小的区域，总体是个偏暗的图像；图 4.43（b）灰度值集中在灰度值大的区域，总体是个偏亮的图像。

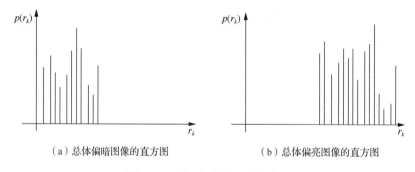

（a）总体偏暗图像的直方图　　　　　　　（b）总体偏亮图像的直方图

图 4.43　不同亮暗直方图示意图

如图 4.44 所示，横坐标为灰度值区间 r_k，纵坐标为灰度值频数 $p(r_k)$。由图看出，图 4.44（a）灰度值集中分布在某个区域，目标和背景相差不大，很难区分，对比度低；图 4.44（b）灰度值分布于整个灰度值区间范围，包含的信息量充分，对比度高。

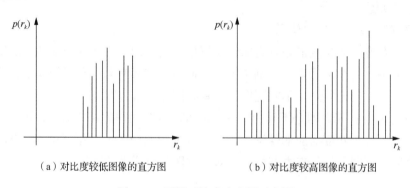

（a）对比度较低图像的直方图　　　　　　（b）对比度较高图像的直方图

图 4.44　不同对比度直方图示意图

由此可见，不同的直方图，灰度分布不一致，可以反映出图像的整体情况。

3）直方图可叠加性

若一幅图像分为四个区，则每个区都可分别作直方图，而原图像的总直方图为各区直方图之和，各区的形状、大小都可随意选择。

4）直方图的统计特征

由图像的直方图可直接计算其统计特征，如矩、绝对矩、中心矩、熵等。

在图像处理过程中，常常采用直方图修正的方法来提高图像质量。所谓直方图修正，就是通过一个灰度映射函数 Gnew = F(Gold)，将原灰度直方图改造成所希望的直方图。可以说，直方图修正的关键就是灰度映射函数。

直方图均衡化是一种最常用的直方图修正。它将给定图像的直方图分布改造成均匀直方图分布。由信息学的理论来解释，具有最大熵（信息量）的图像为均衡化图像。直观地讲，直方图均衡化导致图像的对比度增加。

直方图均衡化是通过对原图像进行某种变换，使原图像的灰度直方图修正为均匀分布直方图的一种方法。直方图均衡化的思想就是对一幅图像中像素概率大的灰度级进行展宽，而对像素概率小的灰度级进行压缩，以达到使图像清晰的目的[13]。

2. 尺度变换法

最直观、最简单的直方图均衡方法是图像尺度变换，把在灰度区间 $[a,b]$ 中像素点的灰度值通过尺度变换映射到 $[0,255]$ 区间中去，其变换公式为

$$g' = \frac{255}{b-a}(g-a) \tag{4.79}$$

式中，g 是像素原来的灰度值；g' 是变换后该像素的灰度值。

一般情况下，原图像的灰度范围 $[a,b]$ 只是灰度区间 $[0,255]$ 的一个子区间，这样变换后，不同灰度级的距离就增大了，也就增加了图像的对比度。

由于有些图像灰度在整个区间取值，故此时式（4.79）描述的尺度变换方法不奏效。但是图像大部分像素点的灰度都集中在灰度区间的某个子区间中。此时，可以把灰度子区间 $[a,b]$ 设置为图像灰度的主要取值区，然后把低于 a 的灰度值映射成最小灰度，而把高于 b 的灰度值映射成最大灰度。更新后的灰度尺度变换公式为

$$g = \begin{cases} 0, & f < b \\ \dfrac{255(f-a)}{(b-a)}, & f \in [b,a] \\ 255, & f > b \end{cases} \tag{4.80}$$

式中，f 为原像素点灰度值；g 为处理后的灰度值。

3. 统计特征均衡法

按照上述尺度变换方法对图像进行直方图均衡时，我们往往关心的是图像直方图在哪个区间取值，而忽略了各取值点之间的关系，即在某个灰度级上像素点的多和少都是同等对待的。因此，直方图均衡后，就会导致某些细节反而被掩盖。

统计特征均衡法考虑到各个灰度级之间的关系，利用图像的累加直方图进行均衡，可以得到更好的效果。采用均匀化处理，即将原始图像的直方图均匀化，对于离散函数均衡化函数，将原始图像的灰度值进行变换。假设有 N 个像素，L 级灰度，原始图像的直方图可以表示为

$$P_r(r_k = n_k / N), \qquad 0 \leqslant r_k \leqslant 1, k = 0,1,\cdots,L-1 \qquad (4.81)$$

对其进行均匀化处理的变换函数为

$$s_k = T\left[r_k = \sum_{j=0}^{k} P_r(r_j) = \sum_{j=0}^{k} n_j \right] \qquad (4.82)$$

例如，设图像有 64×64=4096 个像素，有 8 个灰度级，灰度分布如表 4.1 所示，其中 r_k 为灰度值，n_k 为统计的像素个数，$p(r_k)$ 为灰度频数。对这幅图像进行直方图均衡化。

表 4.1　灰度分布表

r_k	n_k	$p(r_k)$
$r_0=0$	790	0.19
$r_1=1/7$	1023	0.25
$r_2=2/7$	850	0.21
$r_3=3/7$	656	0.16
$r_4=4/7$	329	0.08
$r_5=5/7$	245	0.06
$r_6=6/7$	122	0.03
$r_7=1$	81	0.02

首先通过式（4.82）计算 s_k，算出变换以后的灰度值。然后为了与原始灰度等级一致，把计算的 s_k 就近安排到原来 8 个灰度级中，进行 s_k 舍入（表 4.2）。

表 4.2　舍入后的灰度分布表

r_k	n_k	$p(r_k)$	s_k 计算	s_k 舍入
$r_0=0$	790	0.19	0.19	1/7
$r_1=1/7$	1023	0.25	0.44	3/7
$r_2=2/7$	850	0.21	0.65	5/7
$r_3=3/7$	656	0.16	0.81	6/7
$r_4=4/7$	329	0.08	0.89	6/7
$r_5=5/7$	245	0.06	0.95	1
$r_6=6/7$	122	0.03	0.98	1
$r_7=1$	81	0.02	1	1

如图 4.45 所示，将舍入后的灰度等级重新命名，归并相同的灰度等级，由此可以重新统计各个灰度值对应的像素个数，从而计算变换后的灰度值频数，即直方图。

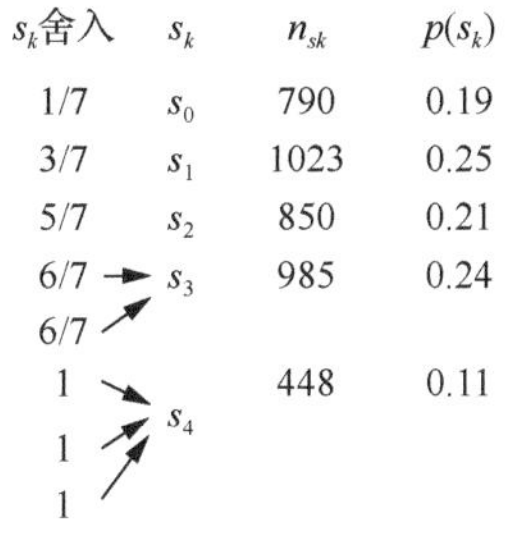

s_k 舍入	s_k	n_{sk}	$p(s_k)$
1/7	s_0	790	0.19
3/7	s_1	1023	0.25
5/7	s_2	850	0.21
6/7 →	s_3	985	0.24
6/7 ↗			
1 ↘		448	0.11
1 ↗	s_4		
1 ↗			

图 4.45　变换后的直方图统计

如图 4.46 所示为直方图均衡化前后对比图。图 4.46（a）为原始图像的直方图，共有 7 个灰度等级。图 4.46（b）为均衡化处理直方图变换映射关系，从图中可以看出直方图均衡化是一种非线性变换。图 4.46（c）为均衡后的图像直方图，从图上可以看出此时仅存 5 个灰度等级，层次减少，但对比度得到提高。直方图均衡化实质上是减少图像的灰度级以换取对比度的加大，增加像素灰度值的动态范围，提高图像对比度。在均衡过程中，原来的直方图上频数较小的灰度级被归入很少几个或一个灰度级内，故得不到增强。若这些灰度级所构成的图像细节比较重要，则需采用局部区域直方图均衡。

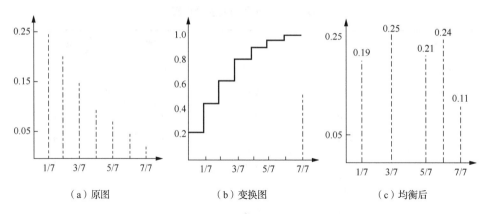

（a）原图　　　　　　　（b）变换图　　　　　　　（c）均衡后

图 4.46　均衡化前后直方图对比

对于 256 级灰度系统来说，假设 Hist[256] 是某幅图像的直方图，则其累加直方图 AHist[256] 可以用式（4.83）求得。

$$\text{AHist}[k] = \sum_{l=0}^{k} \text{Hist}[l], \qquad k \in [0, 255] \tag{4.83}$$

累加直方图反映了图像灰度值小于某一给定值的像素点占所有像素点的比例情况。利用累加直方图方法进行的直方图的均衡处理公式如下：

$$g' = 255 \times \text{AHist}[g] \tag{4.84}$$

这个变换根据不同灰度级上拥有的像素点所占比例不同的特征，突出了那些灰度级上拥有大量像素点的情况，更突显了图像的特征。如图 4.47 为热红外图像经过统计特征均衡法处理前后的效果对比，从图中可以看出，通过该算法处理，图像更易识别，细节目标更加清楚。

（a）原图　　　　　　　　　　　（b）处理后

图 4.47　统计特征均衡法处理效果对比

直方图均衡对于改变图像的对比程度及扩大图像的灰度范围有着极其重要的

作用。一幅严重偏亮或者偏暗的数字图像，经过直方图均衡后效果会得到明显的改善。直方图均衡算法不关心位置信息，不考虑像素间的相关性，不管像素灰度是景物产生的还是噪声带来的，因此同时也放大了噪声。在实际使用中，必须根据需要选择合适的直方图处理方法。

4.3.7　直方图均衡化编程实例

图 4.48 为尺度变换法均衡化处理程序框图，图 4.49 为尺度变换法程序前面板，通过前面板设置输入参数即可完成处理。使用 For 循环结构将原始图像的每个像素点进行比较，使用元素同址操作结构结合条件结构把低于 a 的灰度值映射成最小灰度，而把高于 b 的灰度值映射成最大灰度，把在灰度区间 $[a,b]$ 中的像素点的灰度值通过尺度变换映射到 $[0,255]$ 区间。

导入一幅对比度低、整体偏暗的图像，通过前面板的直方图可以知道此图的灰度值大部分都分布在较低灰度值区域，所以图像特征不清楚、偏暗。根据原图的直方图数据选取 $a=0$，$b=80$，处理后的直方图分布较均匀，对比度增加，图像整体观感有了大幅提升，特征清楚可辨，如图 4.49 所示。图 4.50 为直方图均衡处理前后的图像对比，可见图像对比度有了较好的提升。

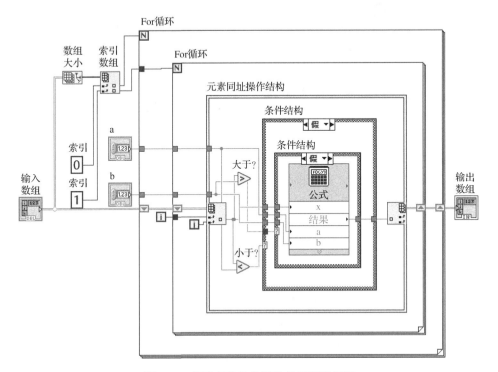

图 4.48　尺度变换法均衡化处理程序框图

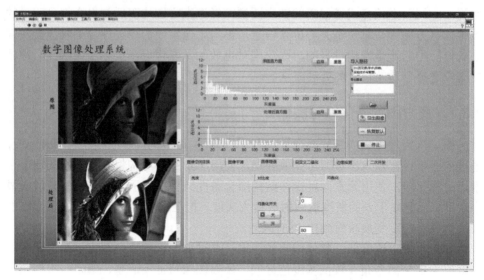

图 4.49　尺度变换法程序前面板

图 4.50　直方图均衡处理结果对比

如图 4.51、图 4.52 为直方图均衡化前后的直方图及图像的对比。从图 4.51 可以看出均衡化处理后，直方图变得均匀。从图 4.52 可以看出，低对比度的热红外图像经过处理后，可以看出人脸清晰的轮廓以及温度的分布，处理效果非常明显。

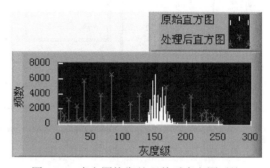

图 4.51　直方图均衡处理前后直方图对比

图 4.52　直方图均衡处理前后热红外图像对比

■ 4.4　特征检测

4.4.1　拉东变换

图像的拉东变换是每个像素的拉东变换的总和。该算法首先将图像中的像素分成四个子像素，并分别投影每个子像素，如图 4.53 所示。

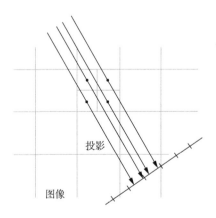

投影

图像

图 4.53　拉东变换像素投影

拉东变换的本质是将原来的函数做一个空间转换，即将原来 XY 平面内的点映射到 AB 平面上，那么原来在 XY 平面上一条直线所有的点在 AB 平面上都位于同一点。记录 AB 平面上点的积累厚度，便可知 XY 平面上线的存在性。

将图像中心设为原点，用 P（直线到原点的距离）和 θ（某一特定方向）代替 a、b，即理解为图像在空间的投影，用参数表示上述直线，则有

$$x\cos\theta + y\sin\theta = P \tag{4.85}$$

假定有一个函数 $f(x,y)$ 代表图像的像素，如图 4.54 所示。

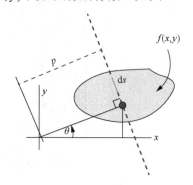

图 4.54 空间转换原理

那么该函数过直线 L 区域的积分为

$$\int_L f(x,y)\mathrm{d}s \qquad (4.86)$$

式中，$\mathrm{d}s$ 是该直线的微分。上述积分可以写为

$$\int_{-\infty}^{\infty}\int_{-\infty}^{\infty} f(x,y)\delta(x\cos\theta + y\sin\theta - P)\mathrm{d}x\mathrm{d}y \qquad (4.87)$$

因而，给定一组 P 和 θ，就可以得出一个沿 $L(P,\theta)$ 的积分值，即在指定角度上的像素累加和。因此，拉东变换就是函数 $f(x,y)$ 的线积分，如图 4.55 所示。假如有很多平行于 L 的线，它们有相同的 θ，径向坐标 P 却不同，这就很好地印证了 MATLAB 自带的拉东变换命令中每个 θ 角度的拉东变换结果是有两个输出项：R（一个 θ 角度下的拉东变换值，即线积分值）与 x_p（径向坐标），两者一一对应。我们对每一条这样的平行线都做 $f(x,y)$ 的线积分，会产生很多投影线，也就是说对一幅图像在某一特定角度下的拉东变换会产生 N 个线积分值，而每一个线积分值会对应一个径向坐标 x_p，各个角度的拉东变换值汇总在一起就构成一幅拉东变换图，如图 4.55 所示。

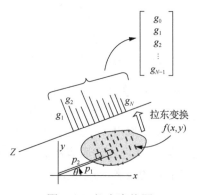

图 4.55 拉东变换图

使用拉东变换检测直线，检测步骤如下。

（1）使用边缘检测函数 edge 函数计算二值图像。

（2）计算二值图像的拉东变换。

（3）寻找拉东变换的局部极大值，这些极大值的位置即为原始图像中直线的位置。

4.4.2　霍夫变换

霍夫变换的基本原理在于利用点与线的对偶性，将原始图像空间给定的曲线通过曲线表达形式变为参数空间的一个点。这样就把原始图像中给定曲线的检测问题转化为寻找参数空间中的峰值问题，即把检测整体特性转化为检测局部特性，如直线、椭圆、圆、弧线等[14]。

假设直线 1 的斜截式方程为 $y = kx + b$。(x, y) 为图像中的像素值，如果直线上的所有点对 (x, y) 都满足这个式子，即它们有相同的参数 (b, k)，所以它们在同一条直线上。例如，某 10 个点在同一条直线上，那么这 10 个点共享一个参数集 (b_1, k_1)，又有另外几个点构成了另一条直线，那么这几个点又共享另一组参数集 (b_2, k_2)，因此有多少个这样的参数集，就有多少条直线。

将斜截式改为 $b = -xk + y$，将 (x, y) 空间转为 (b, k) 空间坐标系下，将 k 轴等分为 i 份，将 b 轴等分为 j 份，那么可以将每一个单元称为一个累加器单元，其值用 $A(i, j)$ 表示，初值为零。

对于图像中每个点 (x, y)，令参数 k 依次取值为 k 轴上的每个细分值，将其代入 $b = -xk + y$，得到 b，通过对 b 近似将其划分至距离累加器中最近的单元格 b 中。每得到一对 (k, b)，将其相应的累加器单元的值进行累加，即 $A(p, q) = A(p, q) + 1$。那么很好理解：A 的非零值个数为直线个数，$A(i, j)$ 值即为直线上的点个数。

因为当直线垂直时，斜率无穷大，所以采用直线的标准表达式，即 $\rho = x\cos\theta + y\sin\theta$，如图 4.56 所示。

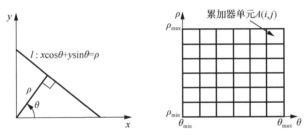

图 4.56　霍夫变换原理图

θ 一般取值为 $[-90°, 90°]$ 或 $[0°, 180°]$；ρ 取值为 $[-D, D]$，D 为图像对角线长度。如果一幅图像中的像素构成一条直线，那么这些像素坐标值 (x, y) 在霍夫空间对应的曲线一定相交于一个点，因此我们只需要将图像中的所有像素点（坐标值）变换成霍夫空间的曲线，并在霍夫空间检测曲线交点就可以确定直线了。霍夫变换直线检测的步骤如下。

（1）对边缘二值化图像进行霍夫空间变换。

（2）在 4 邻域内找到霍夫空间变换的极大值。

（3）对这些极大值按照由大到小的顺序进行排序，极大值越大，越有可能是直线。

（4）输出直线。

4.4.3　神经网络

人工神经网络（artificial neural network，ANN）是由大量简单的基本元件——神经元相互连接，通过模拟人大脑神经处理信息的方式，进行并行处理和非线性转换的复杂网络系统。神经网络的优点是多输入多输出，实现了并行处理以及自学习能力。前向反馈（back propagarion，BP）网络和径向基（radial basis function，RBF）网络是目前技术最成熟、应用范围最广泛的两种网络。神经网络的拓扑结构包括网络层数、各层神经元数量以及各神经元之间相互连接方式，三者都根据实际情况再具体确定取值。

人工神经网络具有人脑的学习记忆功能，主要应用于数据建模、预测、模式识别和函数优化等方向。它已在模式识别、机器学习、专家系统等多个方面得到应用，成为人工智能研究中的活跃领域。

以直线检测为例，直线的筛选过程通过人工神经网络进行目标色块的训练学习，以用于相应色块边缘地标线的筛选，对于非目标色块检测出的地标线进行剔除[15]。人工神经网络进行目标地标线的筛选过程如下。

（1）数据集搜集。通过漫水填充算法获取目标颜色块像素点的像素值作为人工神经网络的输入集合。为了保障最终训练的人工神经网络参数的可靠性，在进行漫水填充提取像素点的过程当中尽可能选择无反光、无倒影区域作为模型的训练输入数据。

（2）人工神经网络模型训练。模型训练主要包括参数的初始化、数据的前向传播计算模型结果，反向传播更新权重，经过不断地迭代获得最终的神经网络模型，具体的神经网络模型如图 4.57 所示。

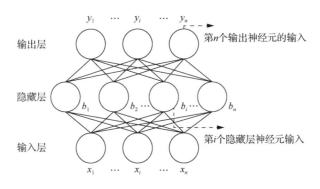

图 4.57　神经网络模型

（3）目标地标线筛选。将所有进行边缘检测获得的直线进行偏置位移处理，即将通过边缘检测获得的直线左右平移若干个像素值，将直线平移后对应的像素点的像素值与人工神经网络训练所得的目标像素值进行比较，若对应像素值在目标像素值范围内，则判定该像素点满足条件。当地标线平移后对应的满足条件的像素点达到一定比例，则判定该地标线边缘符合要求。通过此办法对所有检测获得的地标线边缘直线进行判定，获得所有符合条件的直线边缘直线。

对于已经完成筛选操作的直线线段，按照线段之间进行垂直距离以及角度差值计算，设置距离与角度阈值，将满足阈值条件的直线线段归为同一边缘线的分线段。

■ 4.5　傅里叶变换

图像的频率是表征图像中灰度变化剧烈程度的指标，是灰度在平面空间上的梯度。例如，大面积的沙漠在图像中是一片灰度变化缓慢的区域，对应的频率值很低；而对于地表属性变换剧烈的边缘区域在图像中是一片灰度变化剧烈的区域，对应的频率值较高。

傅里叶变换（Fourier transform，FT）在实际中有非常明显的物理意义，设 f 是一个能量有限的模拟信号，则其傅里叶变换就表示 f 的频谱。从纯粹的数学意义上看，傅里叶变换是将一个函数转换为一系列周期函数来处理的。从物理效果看，傅里叶变换是将图像从空间域转换到频率域，其逆变换（或称反变换）是将图像从频率域转换到空间域。换句话说，傅里叶变换的物理意义是将图像的灰度分布函数变换为图像的频率分布函数，傅里叶逆变换是将图像的频率分布函数变换为灰度分布函数[16,17]。

傅里叶变换可以将信号从时间域变换到频率域，得到信号的频率分布信息。

一维傅里叶变换的定义如式（4.88）所示，一维傅里叶逆变换的定义如式（4.89）所示。

$$F(u) \overset{\text{def}}{=} \int_{-\infty}^{\infty} f(x) \cdot \mathrm{e}^{-\mathrm{j}2\pi ux} \mathrm{d}x \tag{4.88}$$

$$f(x) \overset{\text{def}}{=} \int_{-\infty}^{\infty} F(u) \cdot \mathrm{e}^{\mathrm{j}2\pi ux} \mathrm{d}u \tag{4.89}$$

通过一维傅里叶变换，可以很容易推广到二维图像信号的傅里叶变换。如果二维信号 $f(x,y)$ 是连续和可积的，则二维傅里叶变换如式（4.90）所示，逆变换如式（4.91）所示。

$$F(u,v) \overset{\text{def}}{=} \int_{-\infty}^{\infty} \int_{-\infty}^{\infty} f(x,y) \mathrm{e}^{-\mathrm{j}2\pi(ux+vy)} \mathrm{d}x \mathrm{d}y \tag{4.90}$$

$$f(x,y) \overset{\text{def}}{=} \int_{-\infty}^{\infty} \int_{-\infty}^{\infty} F(u,v) \mathrm{e}^{\mathrm{j}2\pi(ux+vy)} \mathrm{d}u \mathrm{d}v \tag{4.91}$$

式中，u、v 为频率分量。

因为计算机只能处理离散数据，所以连续傅里叶变换在计算机上是无法实现的。为了能够在计算机上实现傅里叶变换，必须把连续函数离散化，同时还要将无限长数据序列进行截断处理。

将连续傅里叶变换转化为离散傅里叶变换（discrete Fourier transform，DFT）运算，就是将 $f(x)$ 和 $F(u)$ 的有效宽度同样等分为 N 个小间隔，对连续傅里叶变换进行近似的数值计算，这样得到离散的傅里叶变换（DFT）定义。对于 $M \times N$ 的图像 $f(m,n)$ 的二维离散傅里叶变换和逆变换分别定义为

$$F(i,j) \overset{\text{def}}{=} \frac{1}{MN} \sum_{m=0}^{M-1} \sum_{n=0}^{N-1} f(m,n) \exp\left[-\mathrm{j}2\pi \left(\frac{im}{M} + \frac{jn}{N} \right) \right] \tag{4.92}$$

$$f(m,n) \overset{\text{def}}{=} \sum_{i=0}^{M-1} \sum_{j=0}^{N-1} F(i,j) \exp\left[\mathrm{j}2\pi \left(\frac{im}{M} + \frac{jn}{N} \right) \right] \tag{4.93}$$

由于 DFT 的计算量非常庞大，从而限制了 DFT 的应用，快速傅里叶变换（fast Fourier transform，FFT）是离散傅里叶变换（DFT）的快速算法。我们知道，计算一个 N 点的 DFT，一般需要 N^2 次复数乘法和 $N(N-1)$ 次复数加法运算。因此，当 N 较大或要求对信号进行实时处理时，往往难以实现所需的运算速度。为此，需要研究 DFT 的快速算法，也就是快速傅里叶变换（FFT）。令权函数 $W_N = \exp[-\mathrm{j}2\pi / N]$，则式（4.92）、式（4.93）可表示为式（4.94）、式（4.95）。进行快速傅里叶变换，其实质就是利用权函数 W_N 的对称性和周期性，把 N 点 DFT 进行一系列分解和组合，使整个 DFT 的计算过程变成一系列迭代运算过程。

$$F(k) = \frac{1}{N} \sum_{n=0}^{N-1} f(n) \cdot W_N^{kn}, \qquad k \in \left[0, 1, 2, \cdots, N-1\right] \tag{4.94}$$

$$f(n) = \sum_{k=0}^{N-1} F(k) \cdot W_N^{-kn}, \qquad n \in \left[0, 1, 2, \cdots, N-1\right] \tag{4.95}$$

傅里叶变换以前的图像（未压缩的位图）是由在连续空间（现实空间）上采样得到一系列点的集合组成，通常用一个二维矩阵表示空间上各点，记为 $z = f(x, y)$。又因空间是三维的，图像是二维的，因此空间中物体在另一个维度上的关系就必须由梯度来表示，这样才能通过观察图像得知物体在三维空间中的对应关系。

傅里叶频谱图上我们看到的明暗不一的亮点，其意义是指图像上某一点与邻域点差异的强弱，即梯度的大小，也就是该点的频率的大小（可以这么理解，图像中的低频部分指低梯度的点，高频部分指高梯度的点）。一般来讲，梯度大则该点的亮度强，否则该点亮度弱。

这样通过观察傅里叶变换后的频谱图，也叫作功率图，就可以直观地看出图像的能量分布：如果频谱图中暗的点数更多，那么实际图像是比较柔和的（因为各点与邻域差异都不大，梯度相对较小）；反之，如果频谱图中亮的点数多，那么实际图像一定是尖锐的、边界分明且边界两边像素差异较大的。

对频谱移频到原点以后，可以看出图像的频率分布是以原点为圆心，对称分布的。将频谱移频到圆心除了可以清晰地看出图像频率分布，还可以分离出有周期性规律的干扰信号，比如正弦干扰。一幅频谱图如果带有正弦干扰，移频到原点上就可以看出，除了中心以外还存在以另一点为中心、对称分布的亮点集合，这个集合就是干扰噪声产生的。这时可以很直观地通过在该位置放置带阻滤波器消除干扰。

二维离散傅里叶变换图像性质如下。

（1）图像经过二维傅里叶变换后，其变换系数矩阵具有如下性质：若变换矩阵原点设在中心，其频谱能量集中分布在变换系数矩阵的中心附近（图中阴影区）。若所用二维傅里叶变换矩阵的原点设在左上角，那么图像信号能量将集中在系数矩阵的四个角上，同时也表明图像能量集中的低频区域。这是由二维傅里叶变换本身性质决定的。

（2）图像灰度变化缓慢的区域，对应它变换后的低频分量部分；图像灰度呈阶跃变化的区域，对应变换后的高频分量部分。除颗粒噪声外，图像细节的边缘、轮廓处都是灰度变化突变区域，它们都具有变换后的高频分量特征。

■ 习题

4.1　在图像上单位长度所包含的采样点数称为什么？

4.2　图像的处理方法有哪些？

4.3　灰度级插值有哪些方法，请分别说明。

4.4　图像的基本位置变换主要包括哪些，请简单说明。

4.5　试计算图像 $f(2,3)$ 经过卷积模板 H_2 后的结果，并分析模板的作用。

$$H_2 = \frac{1}{10}\begin{bmatrix} 1 & 1 & 1 \\ 1 & 2 & 1 \\ 1 & 1 & 1 \end{bmatrix} \qquad f(x,y) = \begin{bmatrix} 1 & 0 & 3 & 9 \\ 9 & 2 & 2 & 3 \\ 4 & 8 & 7 & 6 \\ 5 & 6 & 2 & 1 \end{bmatrix}$$

4.6　已知某图像灰度值如下：

$$F = \begin{bmatrix} 2 & 3 & 2 \\ 4 & 1 & 5 \\ 1 & 5 & 3 \end{bmatrix}$$

现将该图像顺时针旋转 30°，求旋转后的图像。

4.7　设原图像为

$$\begin{bmatrix} 59 & 60 & 58 & 57 \\ 61 & 59 & 59 & 57 \\ 62 & 59 & 60 & 58 \\ 59 & 61 & 60 & 56 \end{bmatrix}$$

试用基于像素放大的方法将其放大为 2.3×1.6 的图像。

4.8　图像平滑的作用及方法是什么？

4.9　什么是中值滤波？其重要特性有哪些？

4.10　一幅 16 灰度级的 5×5 图像，请写出 $f(3,3)$ 经过 3×3 均值滤波和 3×3 方形中值滤波的结果，说明两种滤波器各自的特点。

$$\begin{bmatrix} 1 & 1 & 1 & 1 & 1 \\ 1 & 5 & 18 & 5 & 1 \\ 1 & 5 & 18 & 5 & 1 \\ 1 & 5 & 18 & 5 & 1 \\ 1 & 1 & 1 & 1 & 1 \end{bmatrix}$$

4.11 图像锐化的作用及方法是什么？

4.12 设原图像为 f，目前需要对 $f(2,3)$ 进行微分，该微分算子为 D，试写出该算子微分处理后的图像矩阵。

$$f = \begin{bmatrix} 3 & 3 & 3 & 3 & 3 & 3 \\ 3 & 5 & 5 & 5 & 5 & 3 \\ 3 & 5 & 9 & 9 & 5 & 3 \\ 3 & 4 & 9 & 9 & 5 & 3 \\ 3 & 5 & 5 & 5 & 5 & 3 \\ 3 & 3 & 3 & 3 & 3 & 3 \end{bmatrix} \qquad D_{\text{level}} = \begin{bmatrix} 1 & 0 & -1 \\ 2 & 0 & -2 \\ 1 & 0 & -1 \end{bmatrix}$$

4.13 图像均衡化的作用及方法是什么？

4.14 试给出灰度范围（0,10）拉伸为（0,15），把灰度范围（10,20）移到（15,25），并把灰度范围（20,30）压缩为（25,30）的变换方程。

4.15 什么是直方图，直方图有什么性质？

4.16 设某图像有 8×8=64 个像素，有 8 个灰度级（0～7）表示。请统计并画出该原始图像的直方图，并对其进行直方图均衡化处理，画出处理后的直方图。

$$\begin{bmatrix} 0 & 1 & 3 & 2 & 1 & 3 & 2 & 1 \\ 0 & 5 & 7 & 6 & 2 & 5 & 7 & 6 \\ 1 & 6 & 0 & 6 & 1 & 6 & 3 & 1 \\ 2 & 6 & 7 & 5 & 3 & 5 & 6 & 5 \\ 3 & 2 & 2 & 7 & 2 & 6 & 1 & 6 \\ 2 & 6 & 5 & 0 & 2 & 3 & 5 & 2 \\ 1 & 2 & 3 & 2 & 1 & 2 & 4 & 2 \\ 3 & 1 & 2 & 3 & 1 & 2 & 0 & 1 \end{bmatrix}$$

4.17 图像增强的目的是什么？它包含哪些内容？

4.18 已知一数字图像 $f(x,y)$，要求作如下处理，试写出处理后的图像 $g(x,y)$，并分析处理的作用。

$$f(x,y) = \begin{bmatrix} 1 & 0 & 3 & 9 \\ 9 & 2 & 2 & 3 \\ 4 & 8 & 7 & 6 \\ 5 & 6 & 2 & 1 \end{bmatrix} \qquad g(i,j) = \begin{cases} 0, & f(i,j) < 5 \\ 1, & f(i,j) \geq 5 \end{cases}$$

参 考 文 献

[1] 张铮, 徐超, 任淑霞, 等. 数字图像处理与机器视觉[M]. 2 版. 北京: 人民邮电出版社, 2014.

[2] 肖迪, 王莹, 常燕廷, 等. 基于加法同态与多层差值直方图平移的密文图像可逆信息隐藏算法[J]. 信息网络安全, 2016(4): 9-16.

[3] 王康宁. 复杂背景上指纹图像增强方法比较研究[J]. 刑事技术, 2020, 45(6): 597-600.

[4] 徐全飞, 冯旗. 基于 SURF 和矩阵乘法的超大规模遥感图像亚像素配准算法研究[J]. 红外技术, 2017, 39(1): 44-52.

[5] 李硕, 魏小亭, 李国东. 二值图像逻辑或运算 CNN 模板的鲁棒性设计[J]. 科技通报, 2018, 34(3): 187-191.

[6] 于殿泓. 图像检测与处理技术[M]. 西安: 西安电子科技大学出版社, 2006.

[7] 张德丰. 数字图像处理(MATLAB 版)[M]. 2 版. 北京: 人民邮电出版社, 2015.

[8] 曹富军, 袁冬芳. 矩阵转置对图形变换的几何意义[J]. 内蒙古科技大学学报, 2021, 40(2): 112-116.

[9] 宋涛, 祁继辉, 侯培国, 等. 基于贝塞尔曲面的投影图像几何优化方法[J]. 燕山大学学报, 2021, 45(5): 449-455.

[10] 刘芳, 孙帮勇. 基于抗几何变换的离散深度哈希算法[J]. 西安理工大学学报, 2021, 37(2): 246-252.

[11] 张祝鸿, 王保云, 孙玉梅, 等. 结合笔画宽度变换与几何特征集的高分一号遥感图像河流提取[J]. 国土资源遥感, 2020, 32(2): 54-62.

[12] 张海锋, 胡春海. 基于各向异性图像多尺度几何变换的压缩感知去噪算法[J]. 燕山大学学报, 2016, 40(6): 499-507.

[13] 孙凤山, 范孟豹, 曹丙花, 等. 基于几何纹理与 Anscombe 变换的蜂窝材料太赫兹图像降噪模型[J]. 机械工程学报, 2021, 57(22): 96-105.

[14] 龚昕, 张楠. 基于 Hough 变换的圆检测算法的改进[J]. 信息技术, 2020, 44(6): 89-93, 98.

[15] 王岩, 牛宏伟. 基于光学空频域变换的自适应图像分块隐藏技术[J]. 激光与光电子学进展, 2021, 58(16): 162-170.

[16] 阮兰娟, 王勇. 基于频域变换与几何失真校正的图像水印算法[J]. 西南师范大学学报(自然科学版), 2019, 44(10): 54-65.

[17] 吴庆涛, 施进发, 曹再辉. 基于多元频域变换与几何校正的彩色图像水印算法[J]. 光学技术, 2018, 44(4): 435-442.

第 5 章

工程应用举例

图像传感器的应用非常广泛，包括生活中常见的数码相机、摄像仪、监控仪、行车记录仪、倒车影像、车牌识别、驾驶员疲劳驾驶监测、碰撞警告、车道偏离警告、交通信号识别、行人检测、盲点检测、辅助夜视等。

在工业上，图像传感器主要应用于检测和识别技术领域，判断有无缺陷、检测尺寸、检测面积、检测方向、检测位置、检测角度、检测光谱、检测缺陷及错误、识别文字、识别图像等。该检测技术具有非接触的特点，其检测精度和检测范围主要由 CCD 传感器及系统放大倍数等决定，容易获得大范围及高精度的测量。

"在广袤宇宙中穿针引线，在方寸毫厘间精益求精，微观世界的一小步，成为中国智造的一大步。"在人民日报微信公众号发布的《这十年，六个维度看中国》中，将以上这段文字写给了中国精度栏目。精度对于工业的发展至关重要。在工业上图像测量的原理一般都与 CCD 像素尺寸有关，在测量过程中通过对像素的分辨及处理算法，或通过调整系统放大倍率等，其精度一般可以达到像素尺寸的数量级[1]。

■ 5.1 物体外形尺寸的测量

图像传感器在对物体外形尺寸的测量中应用颇多，其中利用线阵型 CCD 进行非接触测量是图像传感器的典型应用。

在利用线阵型 CCD 对物体进行非接触式测量时主要有以下步骤：

（1）建立非接触测量物体外形尺寸的基本结构；

（2）观测二值化处理过程中 CCD 的输出信号；

（3）二值化阈值电平调整，在此过程中，观察阈值电平的调整对测量值的影响；

（4）进行光学系统放大倍率的标定；

（5）进行物体外形尺寸的非接触测量；

（6）通过改变有关参数，观察对测量值的影响，分析影响物体尺寸测量的主要因素，标定测量的精度及误差。

5.1.1 测量原理

1. 棒材的直径测量

如图 5.1 所示为测量物体外形尺寸（例如棒材的直径 D）的原理图。将被测物体 A 置于成像物镜的物方视场中，将线阵型 CCD 像敏面正确安装在成像物镜的最佳像面位置上，线阵型 CCD 即可输出与物体 A 尺寸相关的光强分布。CCD 的输出信号包含了 CCD 各个像素所接收光强度的分布和像素位置的信息，使它在物体尺寸和位置检测中显示出十分重要的应用价值。线阵型 CCD 输出的信号往往经过二值化处理，二值化数据可拓展用于物体外形尺寸、物体位置、物体震动（振动）等的测量[2]。

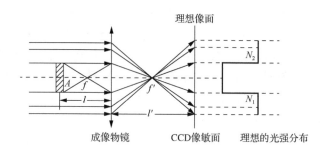

图 5.1 物体尺寸测量系统原理图

当被均匀照明的被测物体 A 通过成像物镜成像到 CCD 的像敏面上时，被测物体以黑白分明的光强分布传输，使相应像敏单元上存储了被测物尺寸信息的电荷包，通过 CCD 及其驱动器将载有尺寸信息的电荷包转换为如图 5.1 右侧所示的时序电压信号（输出波形）[3]。根据输出波形，可以测得物体 A 在像方的尺寸 D，再根据成像物镜的物像关系，找出光学成像系统的放大倍率 β，用式（5.1）即可计算出物体 A 的实际尺寸 D_0。

$$D_0 = D / \beta \tag{5.1}$$

显然，只要求出 D，就不难测出物体 A 的实际尺寸 D_0。

线阵型 CCD 的输出信号 U_0 随光强的变化关系是线性变化的，因此，可用 U_0 模拟光强分布。采用二值化处理方法检测物体边界信息（图 5.1 中的 N_1 与 N_2）是简单快捷的[4]，有了物体边界信息便可以进行上述测量工作。

如图 5.2 所示为典型 CCD 输出信号与二值化处理的时序图。图中，FC 信号为行同步脉冲，FC 的上升沿对应于 CCD 的第一个有效像素输出信号，其下降沿为整个输出周期的结束。UG 为绿色组分光的输出信号，是经过反相放大后的输出电压信号。为了提取 UG 信号所表征的边缘信息，采用图 5.3 所示的固定阈值二值化处理电路，输出二值化信号 TH。

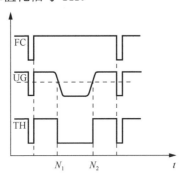

图 5.2　二值化处理波形图

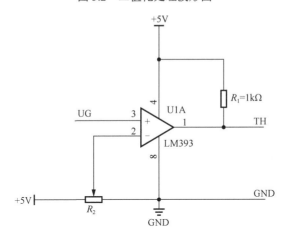

图 5.3　二值化电路

该电路中，电压比较器 LM393 的正输入端接 CCD 的输出信号 UG，而反相输入端接到由电位器 R_2 的动端，由此产生可调的阈值电平，可以通过调节电位器对阈值电平进行设置，构成固定阈值二值化电路[5]。经固定阈值二值化电路输出的信号波形被定义为 TH，它为方波脉冲。

再进行逻辑处理，便可以提取出物体边缘的位置 N_1 和 N_2。N_1 与 N_2 的差值为被测物体在 CCD 像面上所成图像占据的像素数目。物体 A 在像方的尺寸 D' 为

$$D' = \left(N_2 - N_1\right)L_0 \tag{5.2}$$

式中，N_1 和 N_2 为边界位置的像素序号；L_0 为 CCD 像敏单元的尺寸。

因此，物体的外径 D 应为

$$D = (N_2 - N_1)L_0 / \beta \qquad (5.3)$$

二值化处理原理图如图 5.4 所示，若与门的输入脉冲 CR_1 为 CCD 驱动器输出的采用脉冲 SP，则计数器所计的数为 $N_2 - N_1$，锁存器锁存的数为 $N_2 - N_1$，将其送入发光二极管（light emitting diode，LED）数码显示器，则显示出 $N_2 - N_1$ 值。

同样，该系统适用于检测物体的位置和它的运动参数，设图 5.1 中物体 A 在物面沿着光轴做垂直方向运动，根据光强分布的变化，同样可以计算出物体 A 的中心位置和它的运动速度、振动等[6]。

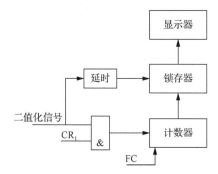

图 5.4　硬件二值化采集原理

2. 玻璃管内外径测量

目前二维复杂断面的几何尺寸测量中普遍存在人工测量费时费力的问题，而采用计算机视觉技术拍摄二维复杂断面的图像，利用边缘检测技术将图像的轮廓提取出来，进而获得需要的几何尺寸，可以实现自动和在线测量，从而大大提高生产效率。

由于 CCD 具有自扫描、高分辨率、高灵敏度、重量轻、体积小、像素位置准确、耗电少、寿命长、可靠性好、信号处理方便、易于与计算机配合等优点，使CCD 光电尺寸测量的使用范围和特性比现有的机械式、光学式、电磁式测量仪优越得多。CCD 尺寸测量技术是一种非常有效的非接触检测方法，它使加工、检测和控制过程融为一体成为可能[7]。

如图 5.5 所示为中通玻璃管内外径测量原理图。图中，S 为光源；L_1、L_2 为透镜；玻璃管放置于两个透镜之间，L_2 后放置线阵型 CCD 器件。通过光源照射，玻璃管成像于 CCD 平面。由于透射率和光在不同形状介质中的折射不同使得通过玻璃管的像在上下边缘处形成两条暗带，中间部分的透射光相对较强，形成亮带。两条暗带的最外边边界距离为玻璃管外径所成的像，中间亮带的宽度反映了玻璃管内径像的大小，而暗带宽则是玻璃管的管壁所成的像[8]。

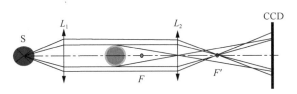

图 5.5　玻璃管内外径测量原理图

线阵型 CCD 图像传感器在驱动脉冲的作用下完成光电转换并产生如图 5.6 所示波形的输出信号。

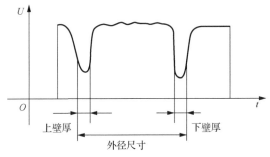

图 5.6　CCD 输出的信号波形

经过二值化电路进行二值处理，分出外径和壁厚信号。将外径、壁厚信号送入计算机数据采集系统，并在软件的支持下计算出玻璃管外径和壁厚值，再与公差带值比较，得到偏差量。

这样，一方面保存所测得的偏差量，另一方面根据偏差的情况给出调整玻璃管的拉制速度和吹气量等参数，随时调节玻璃管，并进行分选，将不合格的玻璃管淘汰。

实现 CCD 视频信号二值化方法的处理由硬件电路完成，如图 5.7 所示，经过二值化处理后的脉冲输入计数器进行计数，由于每个脉冲对应着 CCD 的一个像素，因此用所记录的脉冲数乘上脉冲当量就可求得所测尺寸的大小。

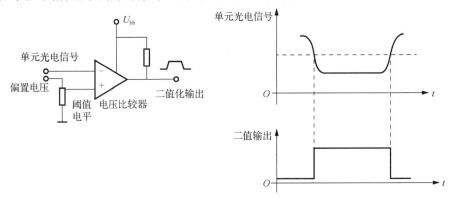

图 5.7　固定阈值二值化

经过二值化电路后的信号，通过如图 5.8 所示的测量电路后[9]，各路信号波形如图 5.9 所示。测量电路由数字电路构成，由各种门电路、D 触发器、计数器、锁存器等组成。FC 为正常像素输出同步信号，在它为高电平期间，二值化电路输出与玻璃管尺寸对应的有效波形。以此信号控制计数器开始计时，对应玻璃管尺寸的起始位置。SP 信号周期对应 CCD 驱动脉冲信号周期，也对应着像素输出周期，计数器对 SP 脉冲周期进行计数，即是完成对 CCD 输出像素个数的计数。D 触发器输出信号 D_1、D_2、D_3、D_4 是由二值化信号经过各种门电路输出而控制的信号，其上升沿分别对应着玻璃管输出波形的特殊边沿，也是代表着玻璃管的外径、内径相关起止位置。锁存器在 D_1、D_2、D_3、D_4 上升沿的控制下，把计数器各个时刻计数值保存起来，并传到计算机中，分别对应 N_1、N_2、N_3、N_4。而这些计数值既对应着玻璃管输出波形的位置信息，也是外径、内径相关起止位置信息。根据这些计数值以及成像光路的放大倍数 β、像素尺寸大小 L_0 等信息，即可通过式（5.4）、式（5.5）计算出外径值 D、壁厚值 N 等参数。

$$D = \frac{(N_4 - N_1)L_0}{\beta} \qquad (5.4)$$

$$W = \frac{1}{2}\left[\frac{(N_2 - N_1)L_0}{\beta} + \frac{(N_4 - N_3)L_0}{\beta}\right] \qquad (5.5)$$

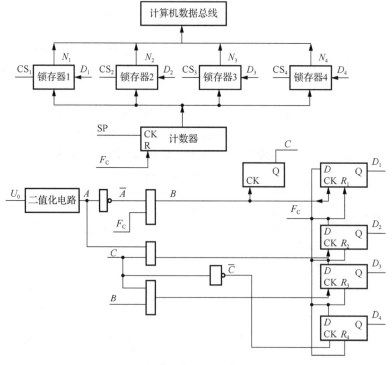

图 5.8　玻璃管内外径测量电路图

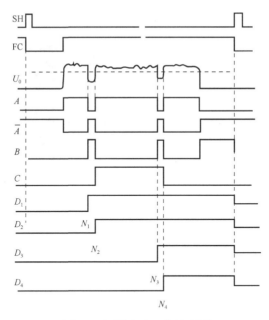

图 5.9 测量电路工作波形图

5.1.2 测量结果

通过测量算法软件的设计，即可测量尺寸大小，如图 5.10 和图 5.11 所示为棒材尺寸测量软件显示结果。图 5.10 中，通过设置积分时间、驱动频率、采样时间间隔、阈值等参数，实现 CCD 输出信号的采集，CCD 输出波形显示在坐标中，通过系数计算标定系统的放大倍数。图 5.11 中，通过尺寸测量控件的操作，利用式（5.3），自动算出标准件的长度，并显示在软件平台中。

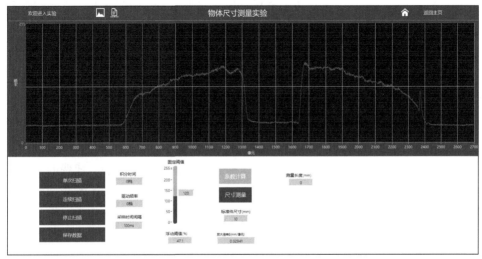

图 5.10 系数参数设置

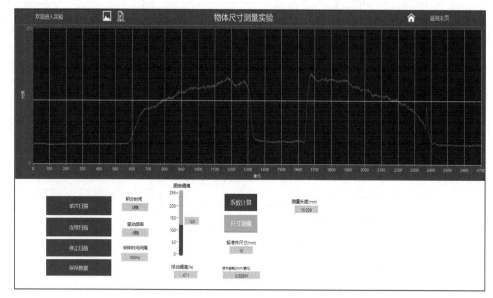

图 5.11　尺寸测量结果

■ 5.2　角度的测量

角度测量是计量科学的重要组成部分，在很多情况下角度参数都是一个需要确定的重要物理参量，在很多工程领域中有着广泛的应用。例如，道路桥梁路面检测、机器人技术、设备安装、高塔或高楼监测、桥梁与大坝监测等。大多时候，鉴于人类身体的限制以及条件不允许的情况下需要进行非接触测量，在角度测量领域里，非接触测量方法显得尤为重要，在国民经济和国防建设中具有重要的作用，是工业生产和质量控制中至关重要的一步。

随着激光技术及 CCD 技术的发展，激光器及 CCD 器件已非常常见，并被广泛应用于各个领域，两者相互配合，完全可以解决一般工程中对微小角度的精确测量。特殊的光电转换性能让 CCD 可以有效地利用光进行测量，是一种很有效的非接触测量手段，因此在非接触测量领域中 CCD 有着广泛应用。利用线阵型CCD 实现快速、实时的角度测量，可以省去传统角度测量方法所耗费的复杂机械结构，并且使角度测量更加趋向于智能化[10]。利用线阵型 CCD 对物体的倾斜角以及锥度锥角进行测量，它的实质属于尺寸测量和位移量测量，与 5.1 节测量内容相似。

5.2.1 测量原理

1. 物体倾斜角的测量原理

利用线阵型 CCD 测量物体倾斜角的方法有很多, 其实质都属于尺寸测量和位移量测量[11]。

线阵型 CCD 测量角度的原理图, 如图 5.12 所示, 测试系统采用透射式成像系统, 光源投射在被测物体上, 成像在线阵型 CCD 上。线阵型 CCD 的像敏单元阵列排列方向与被测物体的轴线垂直, 测出 CCD 成像像素的宽度为 D。

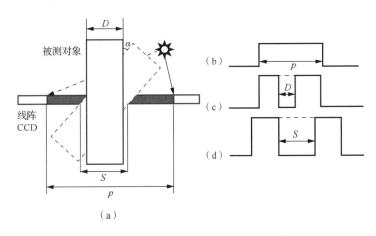

图 5.12 线阵型 CCD 测量角度的原理图

当该物体旋转了角度 α 后, 在 CCD 阵列上成像像素的宽度值变为 S。从图中可以推导出被测物的倾斜角 α, 即

$$\alpha = \cos^{-1}(D/S) \tag{5.6}$$

这种测量角度的方法比较简单, 适用于低精度测量较大尺寸物体的倾斜角。这种方法要求预先知道被测物体垂直放置时的宽度, 且光学系统的放大倍数不能太高。当被测物体本身的宽度尺寸 D 有显著变化时, 会直接影响角度的测量精度。

依据测试原理, 也可以采取对挡光像素计数的方式实现角度的计算。如图 5.12 (b) ~ (d) 为 CCD 经过二值化处理后的不同输出波形。在未遮光情况下输出为一个标准方波, 当有物体遮挡光时该区域里就会出现低电平, 而这个低电平的像素宽度对应于物体的宽度, 由于旋转角度前后遮光的像素宽度不同, 以此即可计算被测角度。

为了提高测试系统的通用性, 实际测量时, 在未放置物体的情况下将光直接照射到 CCD 上, 通过测量系统计算感光的像素个数为 p, 如图 5.12 (b) 所示。

将被测对象垂直放置在光源与 CCD 之间，通过测量系统计算感光的像素个数为 n，如图 5.12（b）所示。当物体旋转一个角度后，通过测量系统计算感光像素个数为 m，如图 5.12（c）所示。由于感光像素点个数与物体宽度存在一定关系，就可以得到物体倾斜角为

$$\alpha = \cos^{-1}\left(\frac{p-n}{p-m}\right) \tag{5.7}$$

2. 锥度锥角测量原理

利用线阵型 CCD 测量物体锥度锥角的方法有很多，其实质都属于尺寸测量和位移量测量。测量原理如图 5.13 所示，水平粗线代表线阵型 CCD 的像敏单元阵列，假设被测物体的轴线与像素排列方向垂直，线阵型 CCD 将测出它的短边宽度 S、长边宽度 L、高度 H。

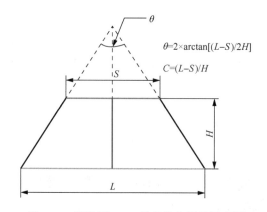

图 5.13　线阵型 CCD 锥度锥角测量原理图

从如图 5.13 所示的测量原理图可以推导出被测物的锥角 θ 的计算公式为

$$\theta = 2 \times \arctan\left[(L-S)/2H\right] \tag{5.8}$$

锥度公式为

$$C = (L-S)/H \tag{5.9}$$

这种测量锥度锥角的方法比较简单，适用于低精度测量较大尺寸物体的锥度锥角。这种方法要求预先知道被测体垂直放置时的宽度，且光学系统的放大倍数不能太高。当被测物体本身的宽度尺寸 D 有显著变化时，会直接影响角度的测量精度。

5.2.2 测量结果

在如图 5.14、图 5.15 所示的界面上选择角度测量按键，计算机软件便可以用软件算法测量物体的倾斜角。测量时，按界面提示的操作步骤进行，先将被测杆件垂直地拧在与底板平行的螺孔上，使被测杆件与测量仪器底板垂直，测出它的直径 D，然后再将同一个被测杆件拧到与底板倾斜一定角度的螺孔上，测出它在倾斜一定角度后的 S 值，将两者代入式（5.6），便可计算出物体的倾斜角。

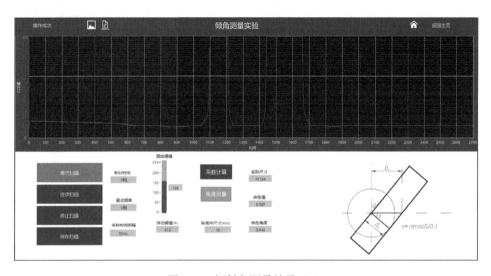

图 5.14 倾斜角测量结果（1）

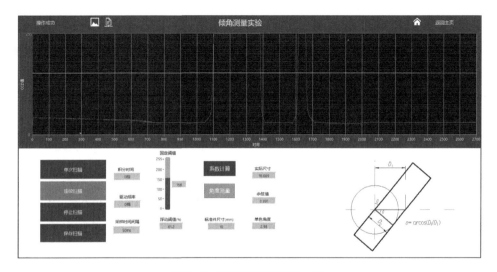

图 5.15 倾斜角测量结果（2）

在如图 5.16 所示的界面上通过操作面板，计算机软件便可以用软件算法测量物体的锥度锥角，界面可在坐标中显示 CCD 输出波形，并通过算法计算显示测量值。测量时，将贴好图像的扫描滚筒安装在扫描支架上，作为测量的目标。将滚筒转至锥体最窄部分，测量其长度 "S"，滚筒转至锥体最宽部分，测量其长度 "L"。点击 "θ"，软件会自动计算出锥体的锥度和锥角，如图 5.16 所示。

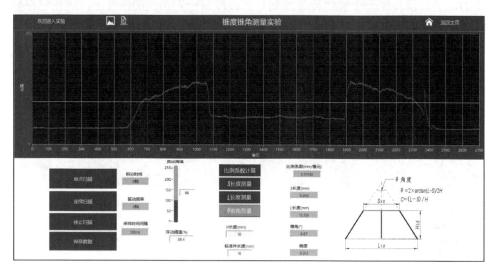

图 5.16　锥度锥角测量结果

■ 5.3　条形码的测量与识别

条形码的测量与物体尺寸和倾斜角的测量略有不同，需要先了解条形码的基本结构以及条形码中数字与条码的关系，最后利用线阵型 CCD 的测量原理对条形码进行扫描并识别条形码中包含的商品信息。

5.3.1　测量原理

1. 通用商品条形码的基本结构

目前世界上常用的码制有欧洲商品条码（European artide number，EAN）、通用产品代码（universal product code，UPC）、二五条形码、交叉二五条形码、库德巴条形码、三九条形码和 123 条形码等，而商品上最常使用的就是 EAN条形码。

如图 5.17 所示为我国商品流通中的典型条形码，一般由 13 位数字组成，用来标明商品的国别、产地、制造厂商代码、商品代码和校验码等信息。

图 5.17　标准版商品的条形码

EAN 商品条形码分为 EAN-13（标准版）和 EAN-8（缩短版）两种，由 13 位数字码或 8 位数字码组成相应的条码。数字为识别者直接用人眼读出，而条码为机器视觉准备。条码下方的数字和上方的条码是对应的，计算机识别数字是困难的，但识别黑白条或 0 和 1 是容易的[12]。

为此，通过黑白条的宽度和位置便可以将表示的数字信号输送给计算机。这些黑白条称为数据符，对应最后几位数字的黑白条称为校验符。利用黑白条能够识别出商品的各种信息。如图 5.17 所示的标准版的条码具体结构为：从左向右看去，空白后由 2 个细长黑条开始（起始符）、左侧数据符、中间分隔符（2 个细长黑条）、右侧数据符、校验符、终止符（2 个细长黑条）和右侧空白区等部分构成。前缀码的首位（数字）上方没有条码，其他数字上方均有条码。条中黑的单元称为条（有粗细之分），白的单元称为空，也有粗有细。条表示 1～1111；空表示 0～0000。条空的粗细由不同数目的模块组成（图 5.18）。

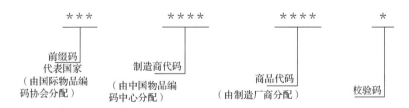

图 5.18　通用商品条形码数字的意义

粗细分为四档，以起始码条的宽度为一个单位，细条代表"1"，四个单位宽度为"1111"，同样，空的宽度代表"0"的个数。左边的两个细长条、中间两个细长条和右边的两个细长条（起始符、分隔符与终止符）均具有数字意义，起始符与终止符均为 101，占 3 个模块，而分隔符代表 01010 占 5 个模块。数据符与校验符均由 7 个模块组成，其"二进制"数对应表，如表 5.1 所示。

表 5.1　"二进制"数对应表

数字符	左侧数据符		右侧数据符
	A	B	C
0	0001101	0100111	1110010
1	0011001	0110011	1100110
2	0010011	0011011	1101100
3	0111101	0100001	1000010
4	0100011	0011101	1011100
5	0110001	0111001	1001110
6	0101111	0000101	1010000
7	0111011	0010001	1000100
8	0110111	0001001	1001000
9	0001011	0010111	1110100

　　我国的前置码是 6,由国际物品编码协会规定左侧的数据组合应为 ABBBAA,右侧数据符与校验符都用 C 组的二进制代表数字。标准版的前置码不用条码表示,不包括在左侧数据符内。而缩短版的前置码要用条码表示,包括在左侧数据符内,并且左侧数据符均为 A 组表示,右侧数据符及校验符用 C 组。编码规则如表 5.2 所示。

表 5.2　数据符编码规则

前置字符	右侧数据符编码规则的选择					
0	A	A	A	A	A	A
1	A	A	B	A	B	B
2	A	A	B	B	A	B
3	A	A	B	B	B	A
4	A	B	A	A	B	B
5	A	B	B	A	A	B
6（中国）	A	B	B	B	A	A
7	A	B	A	B	A	B
8	A	B	A	B	B	A
9	A	B	B	A	B	A

2. 数字与条码的对应关系

根据我国前置码 6，中间分隔符左侧的数据符组合应为 ABBBAA，中间分隔符右侧数据符及校验符应为 C 组。例如，A 组数字为 3，B 组数字为 2，便可以用图 5.19 所示的条码表示。

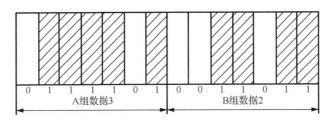

图 5.19　不同组别数字与条码模块对应关系

贴于商品上的信息条形码为被测物，它被 LED 或半导体激光（laser diode，LD）照亮，被照亮的信息条形码经成像物镜成像于线阵型 CCD 的像敏单元阵列上形成的一维时序信号如图 5.20（a）所示，经二值化处理电路后输出的条形方波脉冲信号如图 5.20（b）所示，尽管它的横轴是时间轴，但是也是像素序号轴或空间位置轴。它包含有条的位置、宽度等信息，可以将事先编制的数码以波形的信息输出。

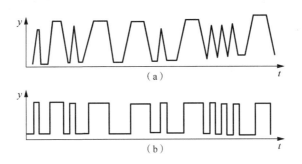

图 5.20　CCD 输出波形与二值化方波

5.3.2　测量结果

如图 5.21、图 5.22 所示的条码扫描软件界面上，通过调整光学系统，设置 CCD 积分时间、驱动频率等参数，采集 CCD 输出信号即可在显示屏上显示含有条码信息的波形曲线。通过连续采集稳定条形码图案，软件界面下方的"条码值"对话框内即可把条形码对应的编码数值显示出来。

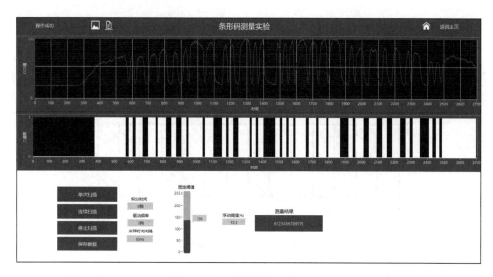

图 5.21 条形码测量结果（1）

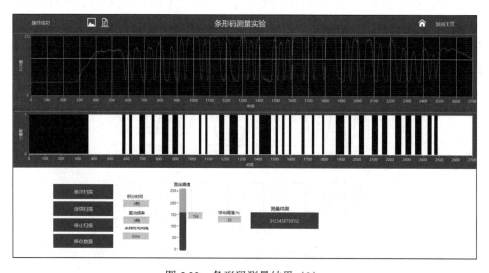

图 5.22 条形码测量结果（2）

■ 5.4 物体振动的测量

测量物体的振动主要测量其振动幅度、频率、相位等相关因素。测量被测杆件做正弦运动时的振动状态，画出振动波形图，并且根据振动波形图计算出它的振动周期、振幅与初相位。

5.4.1　测量原理

常需要测量的物体振动参数为振幅、频率和相位,用线阵型 CCD 测量这些参数的原理结构如图 5.23 所示。利用安装在光学成像物镜像面上的线阵型 CCD 对振动过程中的物体进行成像并向其边界信息连续地采样输出,测量电路不断地找出被测物体像的中心在线阵型 CCD 像敏面上的位置[13]。显然,它是时间的函数,设其为 $W_{(t)}$。如果物体做周期运动,则函数 $W_{(t)}$ 为周期函数,周期 T 的倒数为物体振动的频率 f; $W_{(t)}$ 最大值与最小值之差的一半为物体的振动幅度。如何采集物体像在线阵型 CCD 像敏面位置上的函数 $W_{(t)}$ 是测量物体振动的关键。线阵型 CCD 在驱动脉冲的作用下周期性地输出每个像素所接收的光强信息,其周期为行同步脉冲 FC 的周期,也为线阵型 CCD 的积分时间。在同步脉冲 FC 的周期内利用二值化数据采集方法或 A/D 数据采集方法能够测出被测物体像中心在 CCD 像敏面上的位置,它便是时间的函数 $W_{(t)}$[14]。而 FC 的周期或积分时间为采样的间隔时间,它相当于显示曲线坐标架的横轴刻度,其纵轴坐标应为物体中心的位置值。因此,连续不断地采集物体图像的中心位置便可以获得函数 $W_{(t)}$,测出物体的振动状况。

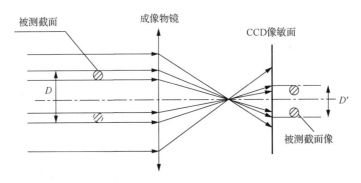

图 5.23　物体振动测量原理结构图

振动试验用直流调速电机驱动偏心轮转动机构,带动被测杆件做左右方向的往复运动,其运动规律为正弦曲线,能够模拟以一定的正弦频率振动物体的运动规律。系统结构由线阵型 CCD 传感器、驱动器、成像物镜、模拟物体振动的被测杆件(目标物)和远心照明光源等部件组成。

5.4.2　测量结果

在如图 5.24 所示的测量软件界面上,通过调整光学系统,设置 CCD 积分时

间、驱动频率等参数，采集 CCD 输出信号即可在显示屏上显示正常的 CCD 波形
曲线。单击界面上的"连续扫描"按钮，出现所采集的信号波形，调整积分时间
与驱动频率使信号如图 5.24 所示则最佳。如图 5.24～图 5.26 是在振动过程中采集
的 CCD 输出波形，可见波形输出宽度、形状在变化，中心像素也在变化，采集波
形可以看出振动过程中成像的不同。利用采集的波形，后续即可算出振动频率、
峰值等振动信息。

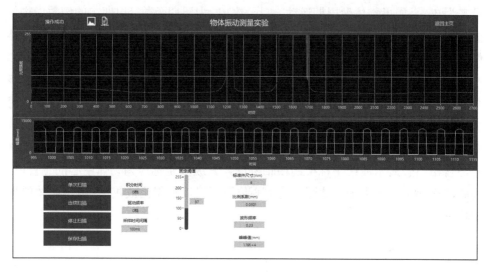

图 5.24　振动测量结果（1）

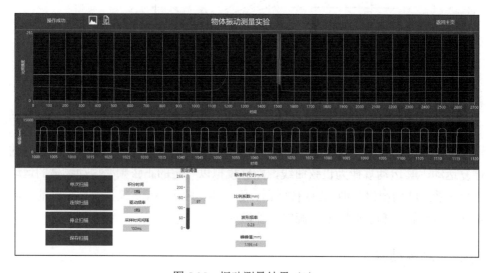

图 5.25　振动测量结果（2）

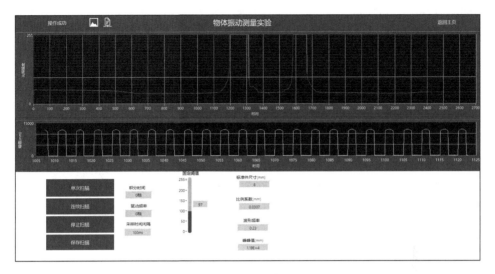

图 5.26　振动测量结果（3）

5.5　玻璃划痕的测量

划痕是玻璃生产过程中常见的缺陷问题，它的存在影响玻璃的透明性和光学一体性，如何快速地检测出玻璃划痕是玻璃生产面临的重要问题。

在传统的玻璃缺陷检测中，可通过激光扫描或多组静态传感器来实现玻璃划痕自动检测。这种方法不仅存在很大的局限性，而且精度也较低。随着科学技术的发展以及对玻璃产品质量要求的提高，许多人提出了新的检测方法。与其他测量技术相比，光学干涉测量可以实现非线性测量，具有很高的时间和空间分辨率。光学干涉测量可以把微小的伤痕级数（纳米级）放大转化为干涉条纹图，然后通过干涉条纹图的信息可以得到所测数据。由于光的干涉测量在对物体的测量过程中，可以避免与物体的直接接触，所以光学干涉广泛应用于长度测量、粗糙度测量等。而对光学干涉条纹的检测常常采用图像检测技术，以图片的形式对条纹信息进行检测，从而实现划痕测量等。此方法同样可以应用于粗糙度检测，采取图像的纹理特征作为机械加工表面粗糙程度的指标，通过图像纹理与粗糙度的相关性来识别表面的类型。

5.5.1　测量原理

此系统的设计通过光学干涉实现光学元件玻璃划痕无接触采集，并将采集到

的图像进行处理和计算，最后使计算结果与实际值的相对误差低于 1%，检测步骤
如图 5.27 所示。

图 5.27　玻璃划痕检测步骤

干涉条纹采集系统设计原理图如图 5.28 所示。此光路光源为一束白光，首先
通过聚光镜将发散的光线进行汇集，一束光通过分光板反射到玻璃片，然后在玻
璃片上进行反射，最后通过分光板再回到聚光镜上。另一束光则作为参考光，两
束光在分光板相遇并发生干涉，通过聚光镜，在 CCD 相机里出现非整齐干涉条纹，
此条纹既可呈现玻璃划痕的不平深度值也可表示方向。

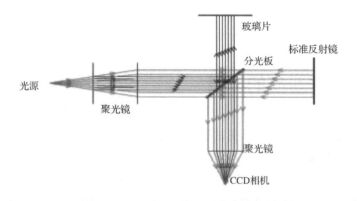

图 5.28　干涉条纹采集系统设计原理图

利用光学系统在划痕影响下产生干涉现象，通过干涉条纹弯曲量和干涉带
间距实现玻璃划痕测量，若采用白光作为光源，那么干涉带间距即两根黑色的干
涉条纹之间的中心距离。当被测试样表面粗糙不平，干涉带成弯曲状，如图 5.29
所示。

因光程差每增加半个波长，就会形成一条干涉带，故被测试样表面的划痕深
度值可以表示为

$$h = \frac{\lambda}{2} \cdot \frac{a}{b} \tag{5.10}$$

式中，λ 为白光的波长；a 为干涉条纹弯曲量；b 为干涉带间距。

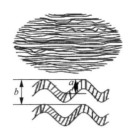

图 5.29　干涉条纹分布图

通过 CCD 输出波形计算出 a、b，即可算出不平度，也就是划痕深度。

采用 CCD 技术对干涉条纹图像进行采集，利用 A/D 转换将信号传递到 PC 端进行分析，取得干涉条纹图像（图 5.30）。

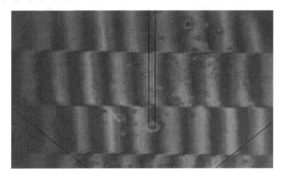

图 5.30　干涉条纹分布图

采集玻璃图像时存在噪声干扰或环境的影响，会对玻璃图像造成一定的杂质干扰。为了提高检测的精确度，需要对图像进行预处理。在图像去噪以前，先对图像进行灰度处理和二值化处理，采用大律法对灰度化的图像进行二值处理[15]，如图 5.31 所示。

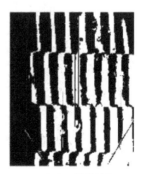

（a）原始图像　　　　　　　　（b）灰度图像　　　　　　　　（c）二值化图像

图 5.31　干涉条纹二值化处理结果

高斯滤波是一种线性平滑滤波，二维高斯滤波如下：

$$G(x,y) = \frac{1}{\sqrt{2\pi\sigma^2}} e^{\frac{x^2+y^2}{2\sigma^2}} \quad\quad (5.11)$$

式中，σ 为方差；x，y 为像素值；$G(x,y)$ 为高斯滤波后的像素值。

运用二维高斯滤波，将标准差设置为 1、1.5、2 时得到不同的干涉条纹图像，比较以后选择标准差为 1.5，模块尺寸为 5×5。干涉条纹图进行高斯滤波去噪后的图像如图 5.32 所示[16]。

图 5.32　去噪后的图像

为了获取清晰的干涉条纹弯曲量 a 和干涉带间距 b，利用 MATLAB 对滤波图像进行骨化处理和去毛刺处理。对检测区域采用坎尼算子进行边缘检测和霍夫矩阵进行线段标记。

调用 MATLAB 的 bwmorph 函数，重复 30 次左右，骨化处理后的图像如图 5.33 所示。

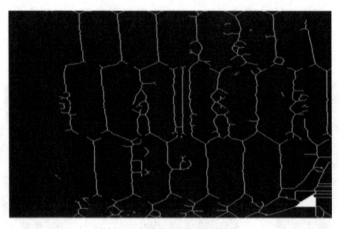

图 5.33　骨化处理后的图像

骨化图像存在一些毛刺，为了获取清晰明亮的干涉条纹图，需要移除骨化图像的刺激像素，进行去毛刺处理以后的图像如图 5.34 所示。

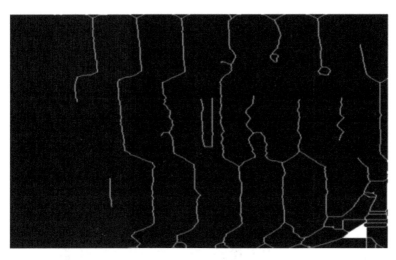

图 5.34　去毛刺后的图像

去毛刺后的图像出现了清晰的干涉条纹，由于图像存在不连续部分特征，所以需要经过边缘检测确定区域；通过区域划分把图像分割成特征相同的区域，这样的处理便于观察干涉条纹图像性质与数据提取。

对 Sobel 算法进行简化，采用 3×3 的图像邻域模板、坎尼算子计算梯度幅度，使用反正切的近似获得梯度方向。在每一个点上，领域中心 x 沿着其对应的梯度方向的两个像素相比，若中心点 Z_5 的像素为最大值，则保留，否则中心置 0，这样可以抑制非极大值，保留局部梯度最大的点，因此可以得到细化的边缘。采用坎尼算法提取图像边界，返回去毛刺后的图像进行处理，如果是边界则为 1，否则为 0，然后得到清晰的边界线，坎尼算法处理后的图像见图 5.35 所示。

图 5.35　坎尼算子处理后的图像

经过预处理和分割处理的干涉条纹图，采用霍夫变换来确定每一条干涉条纹的直线形状，建立霍夫矩阵，在霍夫矩阵中找到 15 个大于最大值 0.3 倍的峰值点，并令 θ 为[-50,50]，ρ 为[0,600]，霍夫矩阵图如图 5.36 所示。

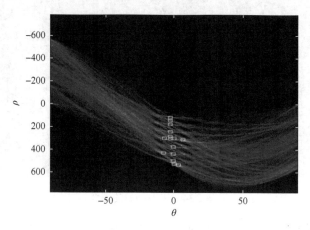

图 5.36　霍夫矩阵图

取 3 个极值点确定一条直线，如图 5.37 所示。并将起点记为黄色，终点为红色，线段则用绿色进行标记。

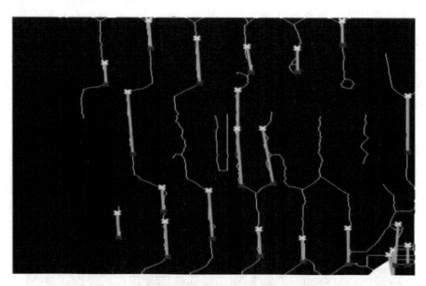

图 5.37　霍夫处理后的图像

通过标记每条干涉条纹的直线线段，可以获得每条线段的坐标值，然后通过起点坐标和终点坐标根据式（5.12）、式（5.13）确定一条直线，得到距离公式为

$$k = \frac{y_2 - y_1}{x_2 - x_1} = -\frac{B}{A} \tag{5.12}$$

$$b = y_1 - \frac{y_2 - y_1}{x_2 - x_1} x_1 = -\frac{C}{B} \tag{5.13}$$

$$d = \frac{|Ax + By + C|}{\sqrt{A^2 + B^2}} \tag{5.14}$$

式中，(x_1, y_1) 为起点坐标值；(x_2, y_2) 为终点坐标值；k 为斜率；b 为直线在 y 轴上的截距；d 为两坐标值的直线距离。

图像进行预处理及分割处理以后，可以得到清晰的图像。现在需要对干涉条纹的数据进行处理，如图 5.38 所示，有几组线段是较为清楚的，提取所需两条线段的起点坐标和终点坐标，然后通过求两条线段的垂线就可获得两线段的最短距离。

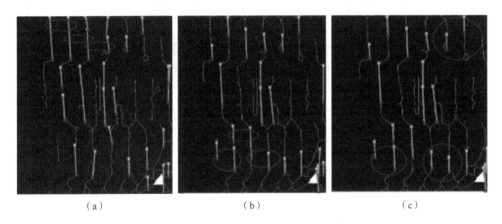

|（a）|（b）|（c）|

图 5.38　干涉条纹弯曲量 a_1、a_2、a_3 取值图

由于两条线段之间存在系统误差，采取均值法进行计算，依次取 3 组数值然后取平均值。对干涉带的宽度进行取值，采取同样的方法，依次取 3 组数值取平均值。通过式（5.15）算出划痕的不平度 h。已知玻璃划痕样本的不平度为 70nm，最后相对误差可以通过式（5.16）得到。

$$h = \frac{\lambda}{2} \cdot \frac{a}{b} \times 1000 \tag{5.15}$$

$$\nabla = \frac{|h - 70|}{70} \times 100\% \tag{5.16}$$

式中，∇ 为相对误差值。

5.5.2 测量结果

通过图像处理及分析技术，提取了三组数据值进行计算分析，如图 5.38 所示为选取的三组干涉条纹弯曲量测量。得到干涉条纹弯曲量的最小值 a_1=19.5137nm，a_2=20.1387nm，a_3=21.1979nm。对干涉带宽度进行计算，所取图像线段部分如图 5.39 所示，提取的坐标值通过计算得到干涉带间距的最小值 b_1=80.1533nm，b_2=82.7765nm，b_3=87.0923nm。

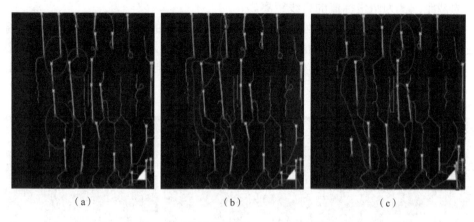

（a）　　　　　　　　　　（b）　　　　　　　　　　（c）

图 5.39　干涉带间距 b_1、b_2、b_3 取值图

通过式（5.15）、式（5.16），可得不平深度值 h_1=70.6019nm，相对误差为 0.85%；h_2=70.5524nm，相对误差为 0.79%；h_3=70.5848nm，相对误差为 0.84%。

■ 5.6　螺纹参数的测量

对于螺纹的质量检测，工业上使用的是螺纹环规和塞规来判断其是否合格，如图 5.40 所示。螺纹量规的使用方便了生产，但并不能给出螺纹参数的数量化概念。传统螺纹参数测量方法主要采用两种：一种是综合检验法；另一种是单参数测量法。

传统螺纹参数测量方法的缺点是测量中需要人直接参与，其测量精度受操作人员的影响；每次的人工参与，导致测量过程的效率低；测量精度与测量仪成本间的性价比较低。

由于螺纹特殊的形貌，采用基于图像检测的非接触式测量方法是适宜的。利用计算机数字图像处理分析技术对光测图像进行处理和分析，就形成了光测数字图像处理分析技术。该技术使得光测方法有了质的飞跃，增强了光学测量的手段，扩大了光学测量的应用范围，有效提高了测量精度。对外螺纹的各项几何参数进行图像测量，是一种测量精度和测量效率都比较高的非接触式测量技术。

图 5.40　螺纹环规和塞规

测量原理如图 5.41 所示，系统包括了光源及光路成像系统、待测螺纹、CCD摄像头、图像采集卡、计算机、显示器和打印机等。

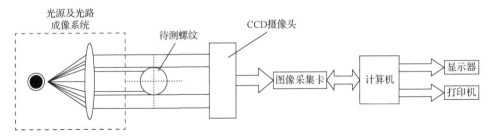

图 5.41　CCD 螺纹参数测量系统原理图

将螺纹置于一个平行光场中，利用光学系统进行投影或反射成像，用 CCD 摄像机作为接收图像的硬件设备，通过图像采集卡将螺纹的成像采集到计算机中。在计算机中通过对螺纹的数字图像进行处理（滤波、对比度增强、边缘增强等）[17]，改善图片质量，进而对螺纹牙型图像进行分割，提取螺纹轮廓并实现包括螺纹锥度、牙型角、螺距、螺纹高度等在内的几何参数的测量和分析。

■ 习题

5.1　简述利用线阵型 CCD 测量物体外形尺寸的基本原理。

5.2　物体外形尺寸测量中测量系数如何计算？

5.3 简述利用 CCD 测量物体倾斜角的测量原理。

5.4 简述利用 CCD 测量锥度锥角的测量原理。

5.5 在锥度锥角与物体倾斜角的测量原理中有何相似的地方？

5.6 简述条形码组成的原理。

5.7 数字与条形码有何对应关系？

5.8 简述物体振动的原理以及如何测量物体振动。

5.9 简述玻璃管内外径的测量原理。

5.10 简述物体表面粗糙度的测量原理。

5.11 某工厂需要对工件按照长短尺寸进行自动分拣包装，假设按照 100～200mm、200～300mm、300～400mm 三档分拣，试设计一个图像检测系统方案（要求叙述测量原理、传感器及方案设计、系统组成框图等）。

5.12 某工件自动分选流水线上，需要对大（>400mm）、中（200～400mm）、小（<200mm）三种类型的工件进行判断及分选控制，试设计一个图像检测系统方案（要求叙述测量原理、方案选择、系统组成框图等）。

参 考 文 献

[1] 王庆有. 图像传感器应用技术[M]. 北京: 电子工业出版社, 2003.

[2] 丁文强, 陈欢, 杨鹏. CCD 视觉影像测量原理及误差分析探讨[J]. 计量与测试技术, 2022, 49(3): 58-59.

[3] 李勇. 相位测量轮廓术关键技术及应用研究[D]. 成都: 四川大学, 2006.

[4] 姚智慧. CCD 成像系统中光学系统研究[J]. 科技资讯, 2015, 13(24): 85, 87.

[5] 李杰强. 基于线阵 CCD 的微位移传感器设计与研究[D]. 广州: 华南理工大学, 2012.

[6] 钱义先, 洪雪婷, 金伟民. 光学相关的双 CCD 成像系统图像运动位移测量[J]. 中国激光, 2013, 40(7): 166-171.

[7] 王庆有, 蔡锐, 马愈昭, 等. 采用面阵 CCD 对大尺寸轴径进行高精度测量的研究[J]. 光电工程, 2003, 30(6): 36-38.

[8] 王伟, 王召巴. 基于 CCD 位移传感器在玻璃厚度测量时的性能研究[J]. 仪表技术与传感器, 2006(9): 44-45.

[9] 杨小刚. 图像二值化方法在 CCD 图像信息处理中的研究[J]. 邢台职业技术学院学报, 2011, 28(1): 45-47.

[10] 李兰君, 喻寿益. 单点激光三角法测距及其标定[J]. 仪表技术与传感器, 2003(10): 49, 51.

[11] 蒋剑良, 孙雨南. 线阵 CCD 位移测试技术的误差分析[J]. 计量技术, 2002(7): 16-19.

[12] 杨飒, 林竹君, 齐龙. 线阵 CCD 对条形码的测量与识别实验[J]. 实验室科学, 2011, 14(6): 110-112.

[13] 樊祉良. 基于机器视觉的细长零件表面粗糙度检测方法研究[D]. 杭州: 浙江科技学院, 2021.

[14] 周拥军, 赵宝奇, 王鹏. CCD 成像型亮度计测量方法研究[J]. 电光与控制, 2010, 17(12): 49-52.

[15] 李轶尚. 基于机器视觉的清洁切削加工表面粗糙度在位测量方法及其系统构建[D]. 济南: 山东大学, 2021.

[16] 张晨, 孙世磊, 石文轩, 等. 工业线阵 CCD 相机系统测试与噪声评估[J]. 光学精密工程, 2016, 24(10): 2532-2539.

[17] 高海霞. 表面粗糙度测量方法综述[J]. 现代制造技术与装备, 2021, 57(9): 145-146.